建设用地土壤修复技术验证评价技术方法和案例研究

呼红霞　丁贞玉　刘锋平　高　强　周鲲鹏　等／著

中国环境出版集团·北京

图书在版编目（CIP）数据

建设用地土壤修复技术验证评价技术方法和案例研究 / 呼红霞等著. -- 北京 ：中国环境出版集团，2024. 11.
ISBN 978-7-5111-6022-5

Ⅰ. X53

中国国家版本馆 CIP 数据核字第 20241V4D39 号

责任编辑　宾银平
策划编辑　葛　莉
封面设计　彭　杉

出版发行　中国环境出版集团
　　　　　（100062　北京市东城区广渠门内大街 16 号）
　　　　　网　　　址：http://www.cesp.com.cn
　　　　　电子邮箱：bjgl@cesp.com.cn
　　　　　联系电话：010-67112765（编辑管理部）
　　　　　　　　　　010-67113412（第二分社）
　　　　　发行热线：010-67125803，010-67113405（传真）
印　　刷　北京中科印刷有限公司
经　　销　各地新华书店
版　　次　2024 年 11 月第 1 版
印　　次　2024 年 11 月第 1 次印刷
开　　本　787×1092　1/16
印　　张　13.25
字　　数　274 千字
定　　价　88.00 元

《建设用地土壤修复技术验证评价技术方法和案例研究》

编 委 会

前　言

环境技术验证（environmental technology verification，ETV）是一种典型的第三方评价制度，受环境技术开发者（所有者）、使用者或其他相关方委托，按照规定的验证评价标准、规范和程序，综合运用技术原理分析、测试、数理统计以及专家评价等方法，对所委托技术的技术性能、污染治理效果以及运行维护情况等进行验证。以美国、加拿大为代表的发达国家于 20 世纪 90 年代中期开始，致力于建立并实施 ETV 评价制度，以助力环保创新技术的推广应用。2013 年，中国环境科学学会组织完成了我国首例 ETV 验证案例，对在我国环境保护领域全面开展环境保护技术验证具有重要的意义。随后，在水处理、医疗废物处理以及大气治理等领域均开展过一定的案例研究。2018 年，生态环境部环境规划院依托国家重点研发计划"场地土壤污染成因与治理技术专项""焦化场地安全开发利用模式与应用推广机制研究"课题（编号2018YFC1803004）研究编制了团体标准《焦化污染地块修复技术验证评价技术规范》（T/CPCIF 0197—2022），并开展了相关案例研究，填补了技术验证评价方法在土壤修复领域中的应用空白。

本书内容包括国际环境技术验证发展概况、我国环境技术验证评价现状及发展概况、土壤修复技术验证评价方法体系研究、土壤修复技术验证评价案例研究、环境技术验证评价结果的应用、结论与建议 6 个章节。本书在国内外环境技术验证评价研究的基础上，构建土壤修复技术验证评价指标体系，总结形成污染地块土壤修复技术验证评价方法，并结合实际案例，提出我国大力发展环境技术验证评价方法的对策建议，为进一步推动我国土壤修复行业绿色低碳化发展，筛选出绿色低碳可行的土壤修复或风险管控新技术或者组合技术提供了有效评价方法。

　　本书共 6 章。第 1 章由呼红霞、周鲲鹏编写；第 2 章由呼红霞、高强、曹云霄编写；第 3 章由呼红霞、刘锋平编写；第 4 章由呼红霞、黄海编写；第 5 章由呼红霞、高强、周鲲鹏编写；第 6 章由呼红霞编写。全书由呼红霞、丁贞玉、孙宁完善定稿。

　　由于作者水平有限，书中难免存在不妥和不足之处，敬请专家和广大读者批评指正！对本书内容若有任何意见和建议，可与本书作者联系（邮箱：huhx@caep.org.cn）！

作　者

2024 年 7 月

目　录

第1章 国际环境技术验证发展概况

环境技术验证（ETV）最早是美国为实现环境技术的商业化推广而提出的。1995年，美国国家环保局（USEPA）与地方政府、联邦机构联合建立了环境技术验证体系；1995—2000年进行了ETV试点，并取得了较好的效果；2001年起美国组建6家验证中心，由USEPA直接管理，开始正式运行ETV制度；到2010年，美国基本开展了全部环境技术领域内共443项技术的验证评价。加拿大借鉴美国在ETV制度上的运作经验，也建立了相应的环境技术验证体系，加拿大ETV工作由加拿大环境部和工业部牵头，主要由环境部负责，由加拿大环境技术促进中心（民间组织）具体操作。2008年，美国、加拿大和欧盟委员会联合设立了ETV国际工作组（The International Working Group on ETV，IWG-ETV），致力于推进ETV国际标准化，推动ETV的国际互认工作。这一举措赢得了中国、日本、韩国等众多国家的认可，也促进了ETV制度的快速发展。截至2010年6月的统计数据显示，日本累计开展了245项技术的验证评价。韩国ETV管理机构——韩国环保产业技术研究院的报告指出，通过技术验证评价的技术，其商业化率高达70.2%，远高于科技成果平均转化率，可以看出，ETV在促进环境技术转化方面发挥了积极作用。2016年11月，国际标准化组织（ISO）正式发布ISO 14034：2016 Environental management—Environental technology verification（《环境管理——环境技术验证》），进一步推动了ETV的国际互认工作。

通过开展环境技术验证，可以定量地了解新技术或经改进的环境技术的真实水平，进而提高环境技术的可信度和市场竞争力，提高环境技术进入国内和国际市场的速度。美国、日本等国家将该制度实施的最初5年确定为试点阶段，所需费用全部列入财政计划，待制度完善后，逐渐向受益者负担方向过渡，由技术持有者、政府共同分担验证评价费用。该制度的实施推动了创新技术的应用，在扩大市场方面得到了广泛认可。

通过进一步梳理和分析ETV国际发展情况和发展历程，初步总结出国际ETV发展具有以下基本特征：

①ETV致力于客观评估环境新技术的性能特征，不对被评价技术进行比较和排序；
②ETV主要针对已市场化或达到市场化要求的技术，不评估处在实验室阶段的技术；

③ETV 实施第三方认证，认证组织从公共或民间机构中选择，具有第三方独立性；④ETV 通过采用试点方法扩展技术领域的范围，试点的最终目的是设计和实现一个通用的认证方法和程序；⑤针对每一个技术领域，USEPA 在美国建立了唯一的认证组织机构；⑥美国、日本等国实施初期所需费用全部列入财政计划，待制度完善后，逐渐向受益者负担方向过渡，由技术持有者、政府共同分担验证费用；⑦为树立 ETV 的权威性和加速技术的推广，逐步与环境技术许可证发放结合起来。

国际上 ETV 制度基本情况见表 1-1。

表 1-1 国际上 ETV 制度基本情况

国家	ETV 制度运行情况	基本情况	运行管理机构	技术领域
美国	1995—2000 年试点，2001 年正式运行	截至 2010 年 7 月，已验证 443 项技术；开发 90 多项验证协议	USEPA 研究与发展办公室负责，国家风险管理研究实验室（NRMRL）具体运行管理	环境监测仪器、末端控制技术、温室气体减排、环境修复等
加拿大	1997 年开始运行	验证技术数量不清楚，验证技术有效期为 3 年	安大略省环境保护技术推广中心（OCETA，环境技术咨询中介机构）运行管理	水、气、土壤和能源等
欧盟	2004 年开始前期研究和试点，2011 年试运行	开展了 5 个试点项目，验证了 30 多项技术；实施高级 ETV 项目（Advance ETV）	欧盟环境总署负责，参与该计划的成员国组成指导委员会和技术委员会	水、气、土壤、清洁生产、监测技术和能源技术等
韩国	1997 年开始运行	包括 NET 和 ETV2 类。截至 2010 年 5 月，共 336 项技术获得 NET 认证	韩国环境部负责，韩国环保产业技术研究院具体运行管理	水、气、能源、固体废物和生态修复等
日本	2003—2007 年试点，2008 年正式运行	截至 2010 年 6 月，共验证技术 245 项	日本环境省负责，验证机构根据技术领域的调整而调整	水、VOCs、能源和面源污染控制等
菲律宾	2006 年开始运行	截至 2010 年 6 月，共验证技术 44 项	菲律宾科技部负责，下属工业技术发展研究所运行管理	修复、固体废物和能源等

1.1 美国

1.1.1 技术验证评价制度

20 世纪 60 年代中期，美国国会提出了关于建立技术评估制度的议案。"技术评估试图建立一种早期预警系统，以察觉、控制和引导技术变迁，从而使公众利益最大化并使风险最小化。"1972 年美国国会通过技术评估法，并设立了技术评估办公室（Office of Technology Assessment）这一专门机构，开始了技术评估的制度化。

1995 年 4 月 22 日（世界地球日），美国在《国家环境技术战略——通往可持续发展未来的桥梁》报告中提到利用环境技术验证制度实现环境新技术市场化。该报告授权 USEPA 研究与发展办公室负责管理并牵头相关联邦机构、地方州政府、私人部门一起建立环境技术验证制度。随后美国出台了《环境技术验证名称、标准使用导则》《环境技术验证策略》《环境技术验证质量管理计划》等一系列制度性文件，用于环境技术验证评估的推广管理。

1995 年 10 月，美国 ETV 制度开始了 5 年（1995 年 10 月—2000 年 9 月）的试点计划，试点阶段选择了 12 个技术领域开展 ETV 验证，试点涵盖的技术领域范围起初比较窄，甚至仅关注某一具体技术，然后根据市场需求、资源状况以及企业和技术购买者的需求进行扩展补充。在试点项目的基础上，2001 年，美国 ETV 开始正式运行，并在试点的基础上成立了 6 家验证中心：高级监测系统验证中心、空气污染控制技术验证中心、饮用水系统验证中心、温室气体技术验证中心、水质保护验证中心、物质管理及污染修复验证中心。美国 ETV 组织结构见图 1-1。

图 1-1　美国 ETV 组织结构

1.1.2　技术验证评价项目费用

验证评价费用分担方式在试点阶段经费主要来源于国会拨款，由 USEPA 研究与发展办公室负责，具体工作由研究与发展办公室负责管理的国家风险管理研究实验室承担。

美国 ETV 验证费用分担机制及构成如下：

（1）验证机构单独承担部分

这部分费用占总验证费用的 10%～20%，受技术类别影响很小，波动较小；主要包括通用验证规范开发费用、质量管理文件制（修）订费用、ETV 网站管理费用、信息交流费用（如相关会议费用、专家咨询费等）等日常运行管理费用，不涉及具体验证过程，由验证机构承担。

（2）验证机构与技术持有者共同承担部分

这部分费用占总验证费用的 30%～40%，受技术类别影响较小；主要包括具体验证规范制定、测试计划制订、验证报告及验证申明的编写、测试监督、测试数据审核等涉及具体验证过程的费用，由验证机构与技术持有者根据双方签订的协议来分担。在试点阶段（1995—2000 年）由验证机构承担，随着 USEPA 拨给 ETV 预算的削减，该部分费用逐步由技术持有者承担。

（3）技术持有者单独承担部分

这部分费用占总验证费用的 40%～50%，受技术类别影响很大，波动较大；主要包括申请费用，支付给测试实验室（测试场地）的测试费用，设备运输、运行及维护费用等。在试点阶段由 ETV 计划承担，试点结束后由技术持有者承担。

美国 ETV 验证费用的多少很大程度上取决于技术类别。平均而言，每项技术验证成本为 10 万美元，技术不同则费用差别很大。

1.2 加拿大

1.2.1 技术验证评价制度

1997 年加拿大环境部仿照美国加利福尼亚州的 ETV 运作模式成立了加拿大环境技术验证制度，成立之初的目的是通过第三方验证环境技术所声称的性能，提供独立、高质量的测试结果以增加环境技术性能的可靠性，促进环境技术的市场化，并为利益相关团体的技术选择和风险管理提供决策支持。

加拿大环境部成立了三个加拿大环境技术促进中心（CETACs），作为私立的非营利组织，帮助中小型企业推进创新环境技术，开展 ETV 工作。直到 2015 年 3 月，加拿大环境部的捐款协议结束，由 Globe Performance Solutions 对外提供 ETV 服务。截至 2021 年，加拿大的技术验证涉及 17 个领域（污染预防技术；污染探测和监测技术；人类环境健康保护技术；污染控制和处理技术；用于环境保护/修复的设备和测量系统；能源效率/管理技术；突发事件响应技术；一般和危险废物管理技术；原位修复技术；陆地和自然资源管理技术；温室气体削减/监测技术；暴雨管理技术；环境传感器和监测技术；车辆尾气削减和燃料节省的市场化技术；去除饮用水中砷、病原体和其他污染物的技术；修复技术；引起再创造的其他技术），验证过程由测试机构根据加拿大 ETV 验证总规范完成。加拿大 ETV 组织结构见图 1-2。

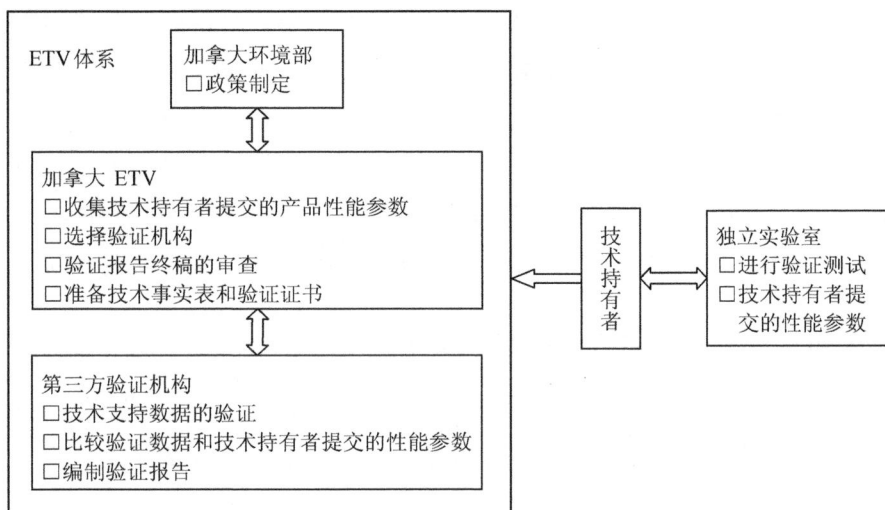

图 1-2　加拿大 ETV 组织结构

1.2.2　技术验证评价项目费用

加拿大 ETV 体系验证时间一般是 3～6 个月，验证费用在 3 万美元左右（表 1-2）。环境技术验证评估在加拿大运行最大的特点在于其测试部分可以不在验证过程中进行，技术持有者可以提前将技术交给经 OCETA 审核通过的测试机构测试，然后再申请验证，也可在申请验证后选择测试机构。加拿大发布的关于环境技术验证评估的文件主要由测试总规范、验证总规范组成，分别用于指导技术的测试及测试报告的编写，验证过程中数据的有效性、可用性的审核及报告的编制。

表 1-2　加拿大 ETV 验证费用组成　　　　　　　　　　单位：10^3 美元

项目	平均	最高	最低
固定费用：	14.4	16.9	12.0
信息交流	7.4	8.7	6.2
日常管理	5.6	6.6	4.7
质量控制	1.4	1.6	1.1
弹性费用（验证/报告/证书）	17.6	23.5	11.7
验证费用总计	32.0	40.4	23.7

1.3　欧洲

欧盟于 2004 年起启动了"环境技术行动计划"（Environmental Technology Action Plan，ETAP）。由于环境技术对确保欧洲在世界经济体中的竞争力具有重要作用，因此该计划的提出吸引了较多的私人和公共投资到环境技术的开发和演示中来，鼓励了环境友好型技术的发展创新和广泛应用，将创新的环境技术从实验室引入了市场之中。欧盟实现 ETAP 目标的途径之一是环境保护技术验证制度。该制度以当时其他国家已有的 ETV 制度为基础，收集、分析和转换成为欧盟 ETV 计划。欧盟委员会于 2011 年启动了欧盟环境技术验证试点计划（EU ETV），确定了根据该计划建立和实施的欧洲 ETV 模式。

1.3.1　欧洲各国环境技术验证评价项目

2011 年 EU ETV 由 7 个国家组成，分别是比利时、捷克、丹麦、芬兰、法国、波兰和英国，2014 年意大利加入该计划。部分国家 ETV 项目的比较见表 1-3。

表 1-3　欧洲部分国家 ETV 项目的比较

国家	项目名称	强制性	起始年份	技术领域	项目特点
英国	检测认证机制	否	1998	工业污染物（大气、水和土壤）的监测和减排技术	由英国环境署执行，该机制属于准入性认证，包括仪器产品认证、技术人员能力认证和测试实验室认可，认证的法律法规和标准基础。认证的有效期为 5 年，之后仪器生产商必须重新提交资料并重新进行测试
法国	环境测量仪器认证协会	否	2003	工业污染物的监测和减排技术（大气、水、土壤和噪声）	在自愿的基础上，为法国测量仪器的认证提供一个框架
比利时	PRODEM	否	1995	污水、有毒气体、废弃物、能源和土壤污染领域的环境技术	通过示范测试和试点项目的可行性评价，支持中小企业选择具有缓解环境效益的创新技术或工艺
丹麦	DANETV	否	2008	水监测和处理、大气污染物减排监测、能效和农业技术	通过对技术性能（功能和效率）的验证，帮助气候和环境技术的传播

资料来源：秦海岩，王磊，孙天晴. 欧洲环境技术验证制度对中国碳减排技术认证的启示[J]. 中国人口·资源与环境，2012，22（S2）：26-30.

EU ETV 项目面向所有准备进入市场，并展现出创新潜力和环境效益的技术，最初局限于以下三个技术领域：①水处理和检测技术（水质量的监测，饮用水和污水的处理）；②材料、废弃物和资源（固体废物的分离和分拣，终端产品和化学品以及材料的回收，生物质产品等）；③能源技术（可再生能源、废弃物能源和节能技术）。

随着项目的推进，根据测试机构的能力范围、验证实验方案的可获得性、试点项目本身的行政能力以及市场对技术的需求，ETV 覆盖的技术领域拓展至以下领域：①清洁生产和工艺（节约材料、工业和建筑节能、工业污染和废弃物的减少）；②土壤和地下水的监测和修复技术；③农业领域的环境技术（大气和水污染减排，包括有毒气体、营养物质和有机废物的再利用或回收利用，减少农药使用）；④大气污染物监测和治理。

1.3.2　欧盟技术验证评价试点项目

自 2004 年起，欧盟委员会启动了一系列项目作为试点，支持 EU ETV 制度的发展，各个试点项目的进展历程见图 1-3。

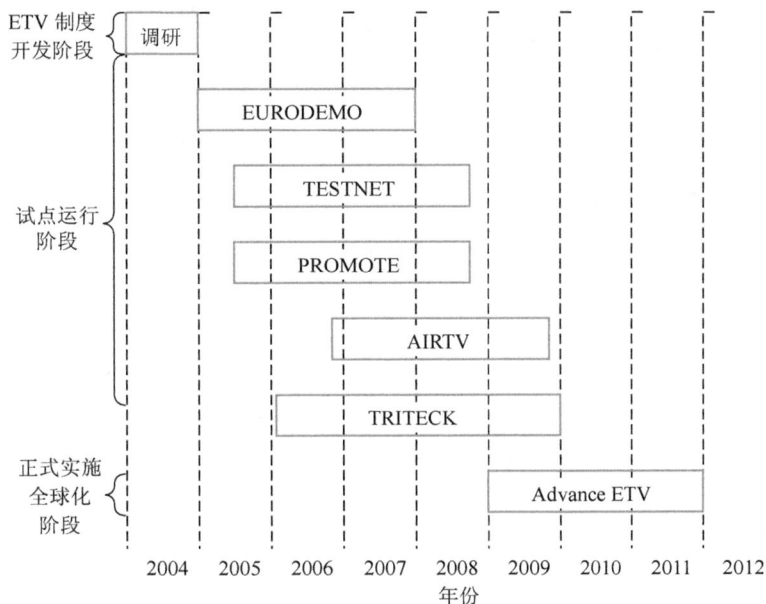

图 1-3　EU ETV 项目进展

资料来源：秦海岩，王磊，孙天晴. 欧洲环境技术验证制度对中国碳减排技术认证的启示[J]. 中国人口·资源与环境，2012，22（S2）：26-30.

EU ETV 的试点项目开展过程包括以下三个步骤：首先，调研国际上已有的 ETV 制度和基本制度框架，进行分析和参考，并对欧盟现有的创新环境技术市场进行分析预测，评价和预测欧盟开展 ETV 的可行性；其次，欧盟在第 6 框架计划中启动了 EURODEMO 等一系列项目，每个试点阶段均有各自的 ETV 模式。通过试点来验证 ETV 制度在具体技术应用领域内的可行性，并不断完善；最后，随着 TRITECK 试点项目的结束，EU ETV 制度试点阶段完成。各试点项目关注的领域和实现的目标均有所不同，具体情况见表 1-4。

表 1-4　EU ETV 试点项目信息

项目名称	时间	关注领域	项目数	目标
EURODEMO	2005—2007 年	土壤和地下水污染修复技术	254	收集并处理技术示范的项目信息，使之成为欧洲的技术示范协调的联络点
TESTNET	2005—2008 年	水、清洁生产和环境监测技术（气体排放物和污水处理）	7	开发环境友好型技术的验证程序
PROMOTE	2005—2008 年	土壤和地下水污染修复技术	—	建立一套测试中心网络的机制
AIRTV	2007—2009 年	气体污染物减排技术	9	①建立一套可信的、符合成本效益的，并且能够增加环境友好型技术市场接受度的机制；②提出适合于欧洲的测试和验证的组织框架
TRITECK	2006—2009 年	土壤修复、废水和能源相关技术	—	①建立一套机制，能够客观地评价创新环境技术产品的性能；②开发测试和验证环境技术的工作方法
Advance ETV	2009—2012 年	—	—	①将 EU ETV 已经和正在进行的项目及其成果进行整合、协调并传播；②成立 ETV 国际工作小组，支持国际 ETV 项目的互认，并帮助环境友好型技术更好地进入国际市场

试点结束后，为了实现 EU ETV 项目与其他国家 ETV 项目之间的互认，欧盟委员会于 2009 年启动了 Advance ETV 项目。该项目一方面将 EU ETV 制度试点阶段内的所有项目进行整合，通过前期的研究和最佳实践案例的经验完善 ETV 制度；另一方面，通过研讨会、不同 ETV 制度间的共同验证和联合验证等方式建立互认的框架，将评价模式标准化，从而实现不同 ETV 制度模式的互认。

1.3.3 欧盟技术验证评价制度模式

根据已完成的试点项目，欧盟结合欧洲各国 ETV 制度模式和项目流程，提出并设计了一套通用于欧盟各国的 ETV 制度和项目流程，其制度模式见图 1-4。

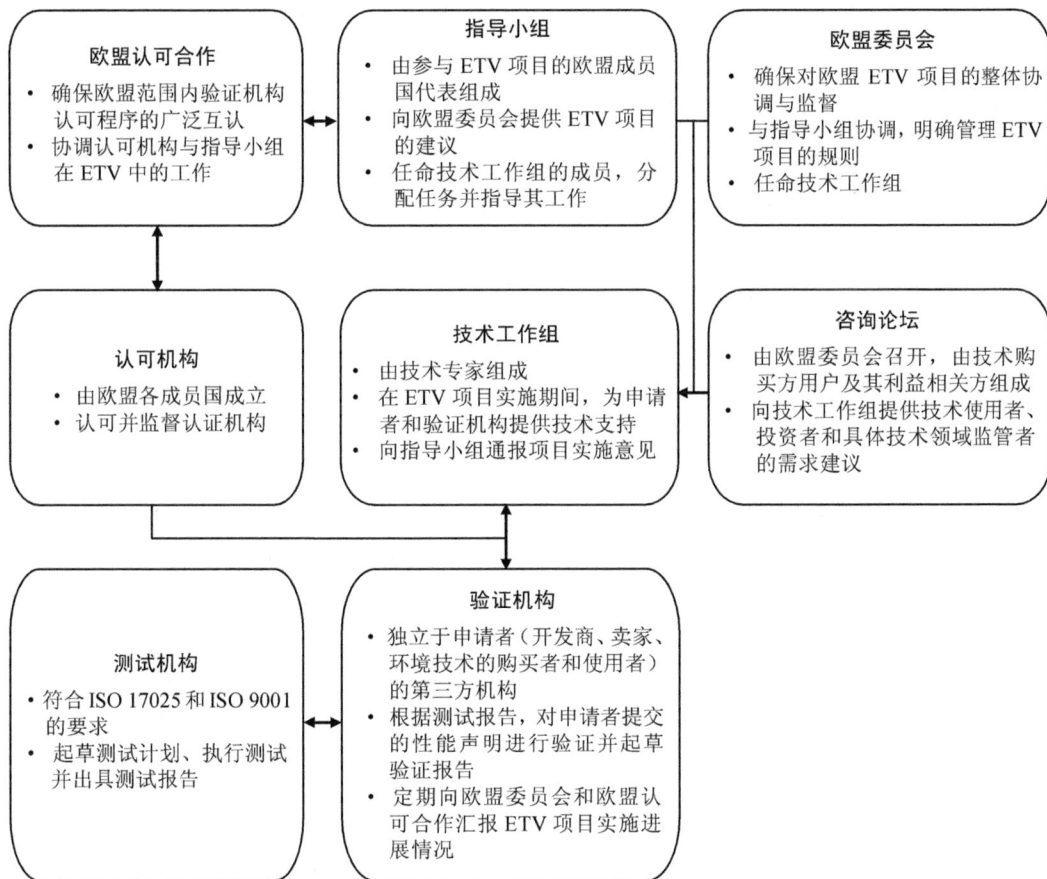

欧盟认可合作
- 确保欧盟范围内验证机构认可程序的广泛互认
- 协调认可机构与指导小组在 ETV 中的工作

指导小组
- 由参与 ETV 项目的欧盟成员国代表组成
- 向欧盟委员会提供 ETV 项目的建议
- 任命技术工作组的成员，分配任务并指导其工作

欧盟委员会
- 确保对欧盟 ETV 项目的整体协调与监督
- 与指导小组协调，明确管理 ETV 项目的规则
- 任命技术工作组

认可机构
- 由欧盟各成员国成立
- 认可并监督认证机构

技术工作组
- 由技术专家组成
- 在 ETV 项目实施期间，为申请者和验证机构提供技术支持
- 向指导小组通报项目实施意见

咨询论坛
- 由欧盟委员会召开，由技术购买方用户及其利益相关方组成
- 向技术工作组提供技术使用者、投资者和具体技术领域监管者的需求建议

测试机构
- 符合 ISO 17025 和 ISO 9001 的要求
- 起草测试计划、执行测试并出具测试报告

验证机构
- 独立于申请者（开发商、卖家、环境技术的购买者和使用者）的第三方机构
- 根据测试报告，对申请者提交的性能声明进行验证并起草验证报告
- 定期向欧盟委员会和欧盟认可合作汇报 ETV 项目实施进展情况

图 1-4　EU ETV 制度模式

欧盟委员会负责把握 EU ETV 制度的大方向，通过设立指导小组和技术工作组，对技术申请者给予技术支持，并协助由认可机构认可的第三方验证机构准备 ETV 的技术规范。根据技术申请者提交的技术性能声明和相关验证资料，验证机构对性能声明的完整性、真实性、有效性等进行验证，起草验证报告和验证声明，并向欧盟委员会进行汇报。

同时，欧盟委员会定期召开咨询论坛，通过专家讨论的方式为 ETV 项目的上下游提供咨询建议，从而不断完善其 ETV 制度。

1.3.4 欧盟技术验证评价项目流程

EU ETV 项目由认可的验证机构执行，验证流程如图 1-5 所示。EU ETV 项目本身不对技术进行测试，只对测试数据的有效性和可信性进行评价。如果测试数据不足以支撑技术性能声明，则验证机构会要求测试机构执行进一步测试。ETV 的附加值在于保证了相关技术性能声明的可信度，从而帮助用户在购买技术时做出合理的评判。

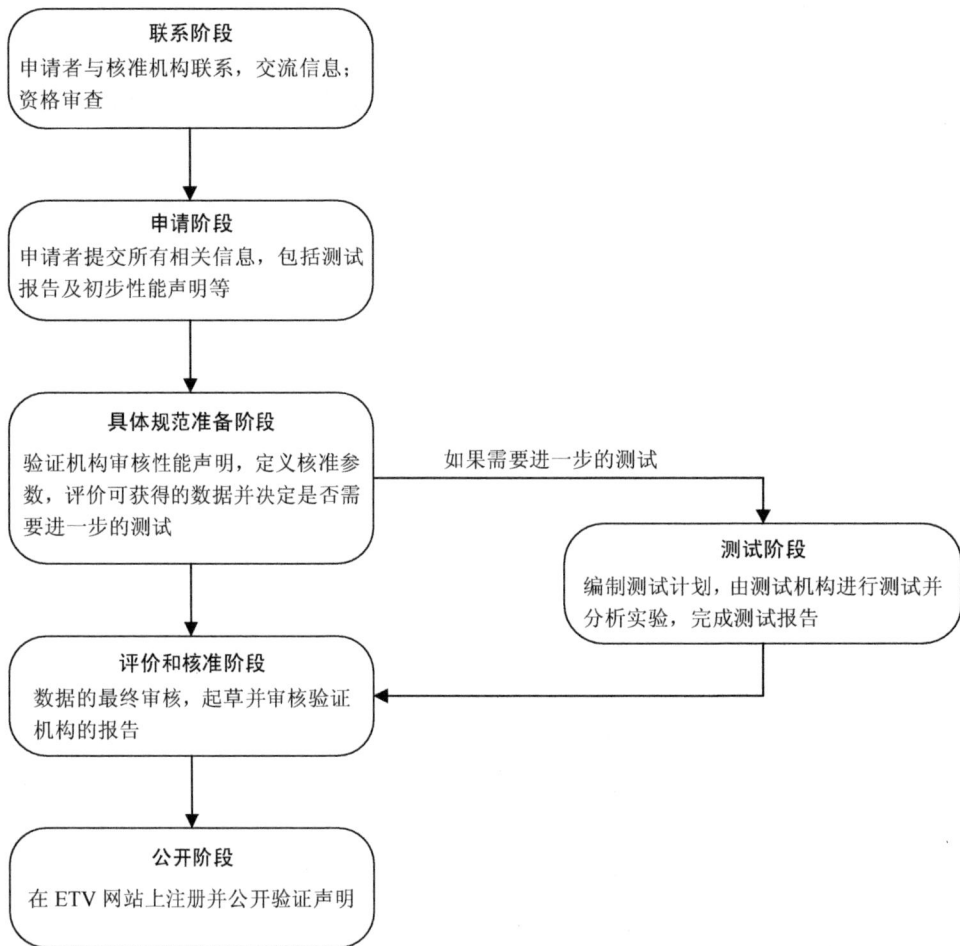

图 1-5 EU ETV 项目流程

1.3.5 欧盟技术验证评价项目费用

ETV 项目费用取决于技术领域、技术本身的复杂性以及数据质量等。根据 EU ETV 示范项目，ETV 项目的测试和验证成本在 22 000~94 000 欧元，平均成本为 53 500 欧元，其中验证费用约为 28 000 欧元。ETV 项目的成本对项目参与方，特别是中小型技术企业来说普遍偏高，在一定程度上影响了企业参与该项目的积极性。因此，为了加快 ETV 制度在欧盟范围内的发展，欧盟委员会在 ETV 试点项目阶段每年拿出 100 万欧元，主要通过以下措施对项目给予资助：

1）在技术进入市场之前的全面示范阶段，组织被认可的第三方测试机构对技术进行测试，可提前满足 EU ETV 项目的程序要求，并在一定程度上抵消因额外测试所需的费用。

2）项目前期的协调费用（包括 ETV 指导小组和技术工作组、研究以及外部专家的会议讨论费等）也都由欧盟委员会承担。

欧盟委员会对项目成本的资助，使得中小企业的验证成本费用有很大程度的降低，最多可降低至 20 000 欧元，这极大地促进了企业参与 ETV 项目的积极性。

欧盟委员会于 2004 年 1 月 28 日发布 "环境技术行动计划"，由欧盟委员会 40 多个总署之一的环境总署（The Directorate-General for the Environment，DG ENV）具体实施。在 EU ETV 体系中，由各成员国认可并监督的验证机构是验证活动的具体实施机构。EU ETV 每项技术的验证费用差别很大，其取决于技术领域、技术类别和技术本身的特点。因为测试过程不是必需的，测试费用单独考虑。除测试费用外的验证费用，欧盟委员会、成员国、技术持有者之间的分担机制如下：

1）欧盟委员会。承担与欧盟委员会有关的管理费用，如技术委员会和咨询论坛等会议的费用。与验证机构签订协议，支持中小企业参与 ETV 验证。

2）成员国。承担与成员国有关的管理费用，包括认可机构（认可及监督验证机构）、参与 ETV 指导委员会及技术委员会活动的费用，提供 ETV 相关信息给企业的费用等。

3）技术持有者。技术持有者承担其他费用，以验证服务费用的形式支付，预计每项技术不超过 20 000 欧元（不包括测试过程的相关费用）。

1.4　环境技术验证评价国际互认

1.4.1　发展环境技术验证评价国际互认的原因

ETV 计划在国家层面均取得了不错的成果，达成了计划的目标。然而，环境技术验证需要符合质量保证的数据来证明技术的性能，这些数据来源于大量的测试，这使得验证的价格不菲，成本难以控制，验证周期也很长。在国家之间 ETV 结果相互不认可的情况下，重复地在不同国家进行 ETV 验证，对技术供应商来说是比较大的经济负担。尤其这些新型环境技术的开发者多为中小型企业，无法多次承担这样的成本。ETV 的国际互认可以避免重复花费高昂的验证费用，加快新技术在国际贸易中的流通，使优秀的新环境技术快速地进入国内和国际市场；同时各国可以对 ETV 发展经验和专业知识进行交流，整合国际验证技术资源，解决测试技术上的难题。

基于上述原因，国际 ETV 互认的关注度逐渐增加，举行了多次国际研讨会。2008 年，美国、加拿大和欧盟委员会创立了 IWG-ETV，其由各国 ETV 管理机构的专家代表组成，致力于制定一个全球标准化的 ETV 体系；在该体系下验证的技术，经一次验证后全球都对验证结果给予认可。

1.4.2　环境技术验证评价国际工作组所达成的共识

IWG-ETV 成立后，开始着手建立成员之间互认的 ETV 计划、制定标准化的验证程序和质量保证体系，组织利益相关方的国际合作。2012 年 6 月，IWG-ETV 确定了最终的 14 项工作计划，包括：环境技术验证的定义，开放性，商业准备程度，政府监督，政府资助，验证机构与测试机构的分离，第三方测试与验证，利益冲突，利益相关者和供应商声明，可持续性，透明度，验证后考虑事项，质量管理体系，国际验证指导文件。根据每个国家 ETV 指导性文件的规定，对工作计划中的争议性问题进行商讨以达成共识。共识对国际 ETV 进行了清晰的界定，划定了互认所需的最低标准，需要各国政府、验证相关机构按标准调整 ETV 计划来达成互认前提。

（1）互认国政府的功能

政府和公共部门需要对 ETV 计划进行监督。截至 2020 年的调研显示，韩国、菲律宾的 ETV 计划直接由政府运营；美国、欧盟和加拿大的 ETV 计划由第三方交付代理独立运营，政府对其运营状况进行监督。在各成员独立的 ETV 计划中，政府的监督主要是为了衡量本国的 ETV 计划是否能实现其既定目标，以调整政府资助的金额。在国际互认中，各国政府作为互认的最小单位，需要参与和了解 IWG-ETV 成员的必要行动，确保本国的 ETV 计划符合未来国际 ETV 程序中的最低标准和要求。

仅对国内技术开放验证的成员政府需要开放国际验证的权限，消除国籍限制。而对于政府资助，为保证成员在政府资助上的平衡，在接受其他国家签发的 ETV 证书时可以向供应商收取相关费用，包括司法管辖区的行政费用。同时为防止政府通过削减国际经济援助的方式对非本国验证技术进行隐形排斥，规定各国需对国内外供应商提供同等的资金援助。

（2）各验证相关机构

第三方机构是独立于商业交易各方的验证机构和测试机构，其独立性与 ETV 的可信度直接相关。加拿大严格要求第三方机构与技术开发活动无关，欧盟则允许第三方机构参与非验证技术的开发活动。为保证国际互认中 ETV 的可信度，ETV 验证机构需要严格独立于供应商，不得有利益冲突、资本和管理联系；除验证的协商过程之外，验证机构和测试机构不得参与待验证技术及其替代方案的开发活动。

验证机构与测试机构也需要严格分离。无论验证机构和测试机构是否属于一个机构，他们都需要彼此独立，并且完整、公正、可信。质量保证小组（Quality Assurance，QA）编写的国际 ETV 程序指南中，明确定义了验证机构和测试机构的作用和职责。成员应制定验证机构、测试机构资格标准并进行资格认证，令其符合国际标准的质量管理体系。

使用环境技术时，各机构可能会涉及多种利益。为保证国际互认的流畅性，验证机构要及时发现并解决潜在的利益冲突；要求所有验证的参与者都要对其直接或间接利益进行披露，验证中涉及的机构不得有任何形式上的财务纠葛。

（3）与验证有关的事项

不同国家对待验证技术的商业化水平要求不同。加拿大、日本、韩国要求已全面商业化才能进行技术验证；而美国、欧盟、菲律宾，商业化技术和接近商业化技术都可申请验证。考虑到验证后验证成果的应用问题，任何国家对非全面商业化的技术验证结果不得自动授予，需经过双边程序和个案评估。待验证技术需提供所有可用于证明商业成熟度的信息，接近商业化技术需要在声明中明确写出必要信息和扩展到商业版本所需要的条件，并保证扩展至商业版本不会改变技术的性能。各成员的 ETV 计划披露的信息数量和类型存在显著差异。日本、韩国、菲律宾、美国对所有文件均予以披露，加拿大和欧盟的部分文件根据所有者的要求进行披露。国际互认中的最低信息披露程度要求所有技术的验证声明都予以公开，其他信息可由供应商决定是否进行披露，但验证机构有权访问所有信息。

ETV 通过利益相关者和供应商声明的相互作用来提高其可信度。供应商向验证机构提交技术性能声明；利益相关者参与确定待验证的环境参数。基于供应商声明和基于利益相关方要求产生的验证参数显然是不同的。美国基于利益相关方要求，其他国家基于供应商声明。互认中两种方法都予以接受，但待验证因素需满足国内外用户信息需求，不能遗漏环境方面重要信息。为方便验证机构对其他国家 ETV 验证结果进行认可，验证结果也需要包含确定待验证因素和测试的所有程序。经过验证的技术会随着时间的推移不断改进和升级，验证声明对于发生改变的技术可能无效，技术的适用条件也可能发生更改。为此加拿大、欧盟对验证声明规定了有效期，到期后需重新审查以续期。为维持国际互认中验证声明的有效性，验证机构与技术供应方需要就 ETV 的使用权限签订许可协议，验证机构对供应商信息变更和不当使用及时处理；供应商更改技术信息或验证声明有效期即将结束时，对原验证声明的有效性进行重新审查。

ETV 的质量管理体系（quality management system，QMS）是由 IWG-ETV 成员和观

察国的政府代表以及 ETV 专家们开发的。互认中的验证和测试均需要符合此标准以便进行国际互认。工作组提出了确保 ETV 程序质量管理得到国际公认的战略框架。Advance ETV 项目据此起草了 ETV 程序、验证、测试和认可机构的共同框架，作为 ISO 文件的基础。

1.4.3 环境技术验证的国际标准化

2013 年，ISO 接受了 IWG-ETV 关于 ETV 新标准的提案，并开始起草 ISO 14034。2016 年 11 月 15 日，ISO 发布国际标准 ISO 14034，以标准化 ETV 过程。ISO 14034 由 ISO 环境管理技术委员会（ISO/TC207）制定，规定了 ETV 的原则、程序和要求，见图 1-6。

ETV 的标准化程序分为申请、预验证、验证、报告、验证后 5 个阶段。

申请阶段，技术供应商向验证机构提交申请人信息和技术性能声明，验证机构对这些信息进行行政审查和技术审查。行政审查审查提交的信息是否完整并符合要求；技术审查由专家判断供应商申请验证的技术是否符合 ETV 要求、性能声明是否可以满足利益相关方的需求。

审查通过后进入预验证阶段，验证机构和供应商双方根据相关标准就将要验证的性能指标进行协商；要求性能指标均符合国际标准和利益相关方要求。协商完毕后制订验证计划，验证计划对验证程序进行详细说明，罗列需要进行验证的性能指标及验证方法，规定详细的测试条件、测试数据质量要求和评估方法。

验证计划签署后进入验证阶段，开始进行技术性能验证。验证由 3 部分组成，接受现有的测试数据、生成额外测试数据、根据测试数据验证技术性能。现有测试数据符合 ISO/IEC 17025 并满足验证计划中的要求即予以接受；如果现有测试数据不符合要求，则需要生成额外测试数据，供应商可指定一个已通过认证的测试机构，该机构将根据验证计划中的测试要求进行测试并生成测试报告。得到满足验证计划要求的测试数据后，验证机构将根据验证计划对技术性能进行验证，评估在规定条件下，测试数据证明的性能与验证计划中的预期性能是否相同。

验证完毕后进入报告阶段，生成验证报告和验证声明。验证报告对验证结果和技术性能进行详细的描述，附上验证过程中涉及的所有文件，对技术的约束条件进行特殊说明，并报告所有偏差和未验证信息；验证声明是对验证报告的总结。验证报告与验证声明在完成之前都需要与供应商进行协商，确保技术供应商了解验证细节和结果，报告和声明中包含的技术描述是技术供应商所需的。协商中，技术供应商可以选择接受验证结果，或修改操作条件重新进行验证。

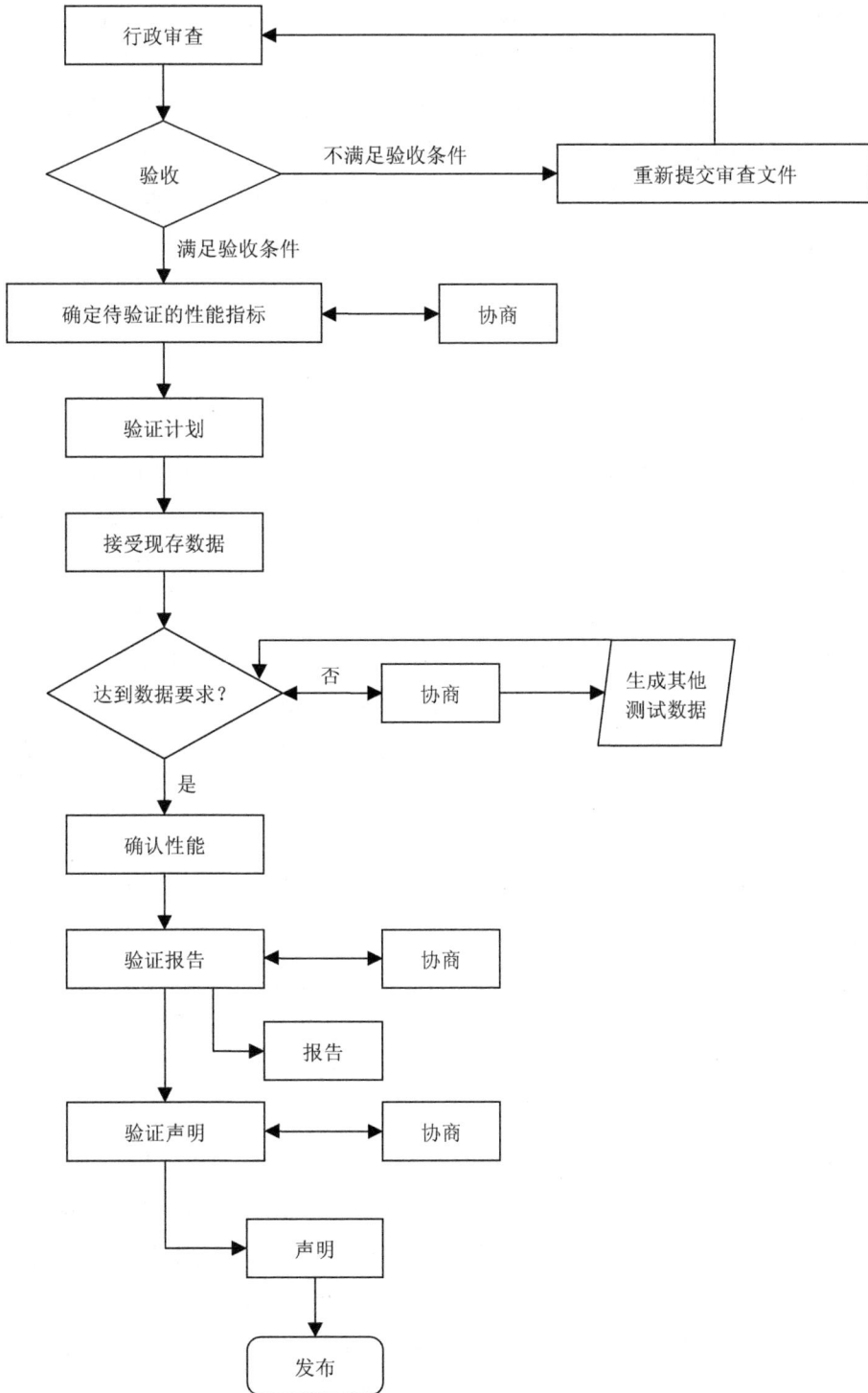

图 1-6 国际标准化 ETV 流程

验证后，验证声明向公众公开。技术供应商在使用验证结果时应符合许可协议，不得断章取义。由于技术更新换代等原因造成原验证技术发生改变，技术供应商应向验证机构提交相关文件，以重新评估验证报告和验证声明的有效性。当技术性能不再符合原验证结果，验证机构将撤销原验证声明；技术供应商可以选择对更改过的技术重复全部或部分验证程序，生成新的验证报告。验证机构也可在验证声明上设立有效期，定期确认验证声明的有效性。

1.5 小结

环境技术验证制度最早由美国于 1995 年建立，目的是实现环境技术的商业化；随后许多国家也建立了相应的环境技术验证体系，并于 2008 年成立了 IWG-ETV，主要成员包括美国、加拿大、挪威、日本、韩国、欧盟等。国外的 ETV 运行模式以政府主导为主，以第三方测试数据为基础进行评价，发展初期在政策、经费方面均给予了一定支持。2016 年 11 月，国际标准化组织正式发布 ISO-ETV 标准（ISO 14034：2016）。截至2017 年年底，全球共计完成 ETV 项目 1 600 多项。发达国家的经验表明，ETV 不仅可以推动创新技术的应用，还可为行政部门提供急需的技术信息支持，帮助政府和社会应对环境挑战。例如日本参与调查的 72% 以上的企业认为 ETV 对公司业绩和技术开发有效果，欧盟认为 ETV 能帮助各级机构选择合适的环境技术，韩国验证技术的商业化率高达70.2%。

ETV 制度在各国运行模式上各有不同，可简要分为美国和加拿大两种制度模式。两者最大的差别在于测试机构的委托主体，美国 ETV 由管理机构委托，加拿大则由申请人自行委托。两者比较，美国 ETV 模式由验证机构开展测试，并对技术进行评价，可进行精准化技术验证，大部分国家也采用此模式；而加拿大 ETV 模式由验证机构对申请者提交的参数开展评价，相较于美国 ETV 模式评估周期更短、费用也更低，欧盟也是采用该模式。

在最初的试点阶段，美国和日本 ETV 体系由政府承担所有的验证费用。随着政府拨款的预算削减，ETV 正式市场化运行以后，测试计划的制订、验证报告的编写、测试费用、运营维护等费用逐步由技术持有者承担。两国都出现了验证技术数量锐减的情况。美国在试点阶段（1995—2000 年）验证技术数量年平均为 31.9 项，而 2001—2009 年验证技术数量年平均为 12.7 项；日本在试点阶段（2003—2007 年）5 年验证技术数量年平均为 19.0 项，而正式运行阶段（2008—2009 年）两年平均数量只有 9.5 项。

EU ETV 项目的成本对项目参与方，特别是对中小型技术企业来说普遍偏高，一定程度上影响了企业参与该项目的积极性。因此，为加快 ETV 制度在欧盟范围的发展，欧盟委员会在 ETV 试点项目阶段每年拿出 100 万欧元给予资助。除此之外，ETV 验证评价的费用由欧盟与其成员国承担，如会议费、参与 ETV 指导委员会活动等相关管理费用，其他费用由技术持有者以验证服务的形式支付。

　　加拿大的 ETV 体系采取企业化运作方式，政府支持力度很小。安大略省环境保护技术推广中心通过与加拿大环境保护部门签订合作协议，具体管理和运行 ETV 体系，政府基本不参与，也不提供资金。由于加拿大 ETV 最大的特点是测试可以不在验证过程中进行，所以其验证评价所需费用也相对较低。

第 2 章　我国环境技术验证评价现状及发展概况

2.1　我国环保科技创新体系的特点和问题

我国一直高度重视科技创新和成果转化工作，党中央、国务院以及科技部等部门下发了一系列政策文件，鼓励和推进科技成果转化和技术转移，相关政策如表 2-1 所示。所谓科技成果转化是以提高生产力水平为目标，以科学研究与技术开发所产生的具有实用价值的科技成果为对象，进行后续试验、开发、应用、推广直至形成新产品、新工艺、新材料、发展新产业，将科技成果应用于生产领域、转化为现实生产力并产生出倍增放大经济效益，是科技与经济紧密结合的关键环节，是实现产业结构调整和经济发展方式转变的重要途径。

表 2-1　国家关于支持科技创新及成果转化相关政策

序号	文件名称	发文或通过机构	发布或通过时间
1	《关于科学技术体制改革的决定》	中共中央	1985 年
2	《关于深化科技体制改革　加快国家创新体系建设的意见》	中共中央、国务院	2012 年
3	《中华人民共和国促进科技成果转化法》	第十二届全国人民代表大会常务委员会第十六次会议	2015 年
4	《实施〈中华人民共和国促进科技成果转化法〉若干规定》	国务院	2016 年
5	《促进科技成果转移转化行动方案》	国务院办公厅	2016 年
6	《国家技术转移体系建设方案》	国务院	2017 年
7	《国家科技成果转移转化示范区建设指引》	科技部	2017 年
8	《关于支持国家级新区深化改革创新　加快推动高质量发展的指导意见》	国务院办公厅	2019 年成文、2020 年发布
9	《关于加快推动国家科技成果转移转化示范区建设发展的通知》	科技部办公厅	2020 年
10	《关于完善科技成果评价机制的指导意见》	国务院办公厅	2021 年
11	《中华人民共和国科学技术进步法》	第十三届全国人民代表大会常务委员会第三十二次会议	2021 年
12	《科技支撑碳达峰碳中和实施方案（2022—2030 年）》	科技部等	2022 年
13	《关于进一步全面深化改革　推进中国式现代化的决定》	中共中央	2024 年

围绕生态环境领域科技创新与成果转化，早在 2018 年，生态环境部发布了《关于促进生态环境科技成果转化的指导意见》（环科财函〔2018〕175 号），具体提出了面向生态环境污染防治与修复技术和生态环境管理技术开展成果转化。生态环境污染防治与修复技术成果转化，是指面向环境污染治理和生态保护与修复需求，对污染防治与修复技术成果进行后续试验、开发、应用、推广直至形成新技术、新工艺、新材料、新装备等活动，主要包括技术评估、技术验证、二次开发、技术交易和产业孵化等环节。生态环境管理技术成果转化，是指面向国家和地方生态环境管理工作需要，对生态环境管理技术成果进行后续加工直至发布或采用政策、法规、规划、标准、规范、导则、指南、技术方案、科普成果等活动，主要包括技术整理、集成与二次加工等环节。

近年来，国家针对生态环境领域科技创新与成果转化又进一步提出了要求，2019 年《关于深化生态环境科技体制改革　激发科技创新活力的实施意见》提出"完善国家生态环境科技成果转化综合服务平台，鼓励部属科研单位围绕生态环境科技成果转化，与有关单位合作建设成果转化示范基地"，2021 年《中华人民共和国国民经济和社会发展第十四个五年规划和 2035 年远景目标纲要》提出"推动国家科研平台、科技报告、科研数据进一步向企业开放，创新科技成果转化机制，鼓励将符合条件的由财政资金支持形成的科技成果许可给中小企业使用"，2022 年《"十四五"生态环境领域科技创新专项规划》提出"加快构建以企业为主体、以市场为导向的绿色技术创新体系，营造'产学研金介'深度融合、成果转化顺畅的生态环境技术创新环境"。可见，党和国家对生态环境领域科技成果创新和转化予以了重大的期望和更高的要求。目前，生态环境领域科技创新体系尚缺乏与之相匹配的效果评估，在一定程度上制约了科技创新的发展。随着国家管理模式的调整，以政府为主导的环境技术专家评价体系已不能满足新形势下对创新环境技术评价的不同需求，与之相应的技术标准和规范也需要在大量的应用示范之后才能提出和讨论。特别是在新技术推广应用前期，这种制约现象尤为明显。

近年的环境管理实践表明，我国的环境技术评估体系尚不健全，评估方法不完善，科学性、公正性相对较差，对环境技术创新的支撑能力不足。此外，基础数据、中间数据的严重缺失也导致了最佳可行技术（BAT）的筛选缺乏可靠依据。因此亟须建立科学、公正的环境技术验证评估体系以满足流域污染治理、环境监管、环保产业发展的需求。为适应我国市场经济条件下技术创新成果的不同需求，对科技成果的水平及其价值做出客观、科学的评价，我国制定了一系列政策并发布了相关规范性文件。

2.2　我国环境技术验证评价的发展历程

早在 1999 年，国家环境保护总局就开始关注 ETV 评价制度；2000—2003 年，与加拿大环境部开展交流，了解 ETV 运行方式和评价方法；2007 年国家环境保护总局发布了《国家环境技术管理体系建设规划》（环发〔2007〕150 号），把建立科学、公正的环境技术评价体系作为重要内容；2009 年，发布了《国家环境保护技术评价与示范管理办法》（环发〔2009〕58 号），明确了应开展环境保护技术评价的 7 类情况，提出了环境技术评价的方法和程序。随后，2012 年制定的《关于加快完善环保科技标准体系的意见》（环发〔2012〕20 号）、2013 年制定的《关于发展环保服务业的指导意见》（环发〔2013〕8 号）等指导文件也再次重申了建立 ETV 制度的重要性。2014 年 4 月，环境保护部科技司复函，同意中国环境科学学会将环境技术验证评价职能列入科协试点项目清单。2015 年 6 月，经环境保护部同意，由中国环境科学学会牵头成立了环境保护技术验证评价联盟，该联盟承担推动我国 ETV 评价制度建设，完善技术评价体系等工作。首批有学术团体、环保科研院所、监测检测机构、高校等 25 家单位加入环境保护技术验证评价联盟，环境保护技术验证评价联盟成员单位紧密协作，向政府和社会提供优质技术评价服务，是按照社会化、市场化、专业化原则开展第三方技术验证评价项目的合作平台。环境保护技术验证评价联盟作为中国环境科学学会环境保护科技评价工作平台的有机组成部分，是整合环境评价资源、服务环保科技创新发展的重要窗口。截至目前，已经有 30 多家会员单位，包括科研院所、高校、分析检测机构、各级环境管理部门等参与了联盟。

2015 年 9 月，中国环境科学学会以团体标准形式发布《环境保护技术验证评价　通用规范（试行）》（T/CSES-1—2015）、《环境保护技术验证评价　测试通用规范（试行）》（T/CSES-2—2015），为技术验证工作的开展奠定了制度基础。2018 年生态环境部印发《关于促进生态环境科技成果转化的指导意见》，该文件明确提出了健全科技成果评估体系，积极推行第三方技术评估，开展环境技术评估、环境技术验证以及环境治理绩效评估等评估工作并发布技术评估报告，筛选评估生态环境污染防治与修复和管理方面的适用技术、集成技术及综合解决方案，发布技术目录并开展示范性推广。2019 年 12 月 10 日，国家市场监督管理总局、国家标准化管理委员会联合发布《环境管理　环境技术验证》（GB/T 24034—2019），该标准规定了环境技术验证的原则、程序和要求，实现了与 ETV 评价国际标准化文件 ISO 14034 的互认。2020 年生态环境部发布《关于征求〈关于加强生态环境技术评估工作　增强技术服务能力的实施意见（征求意见稿）〉意见的函》（环办便函〔2020〕97 号），该文件提出了建立健全以有效解决实际环境问题为核心的技术评估工作体系，规范以 ETV 为核心的生态环境技术评估内容，促进生态环境技术评估服务规范化发展。

围绕具体领域，我国也在相关标准政策中形成了对环境技术验证等第三方评估内容的明确要求。2020 年 11 月发布的《医疗废物处理处置污染控制标准》（GB 39707—2020），作为我国医疗废物领域首部污染控制专项国家强制性标准，在其附录 B 中明确提出"工艺参数调整及采用其他新工艺和技术时，应通过第三方机构的测试评价认定"。此外，2023 年最新发布的《医疗废物消毒处理设施运行管理技术规范》（HJ 1284—2023）中，更加明确地提出"采用其他工艺类型的消毒设施，采用前宜进行技术验证评价"。医疗废物领域最新的标准规范不断强化技术验证评价的作用和效能，不仅为医疗废物处理处置技术创新提供了有效的政策出口，也为其他行业领域开展第三方验证评价工作及建立管理支撑政策提供了有力的借鉴和参考。

在 ETV 标准框架下，依托 ETV 联盟成员单位的技术力量，我国开展案例近 30 项，并与韩国、丹麦等国家开展 ETV 联合验证，推进环境技术的国际互认。在我国完成技术验证评价后，都将取得由中国环境科学学会颁发的中国环境技术验证证书，进入生态环境保护领域并进入市场推广及工程应用新阶段，这将对增强新技术的创新活力、提升技术成果转化成效、支持打好污染防治攻坚战、推动生态环境产业健康发展起到积极的促进作用。

2.3　我国环境技术验证评价制度框架设计

2.3.1　环境科技管理评价制度

目前 ETV 制度的建设，首要工作就是设计 ETV 制度的组织和管理模式，即设计 ETV 制度涉及机构及人员（管理机构、执行机构、验证机构、测试机构、技术申请者、验证专家等）的职能和相互关系。根据对我国现有科技管理和环境管理制度的分析，以及对国外 ETV 制度的总结，结合我国国情，形成了两类 ETV 制度框架方案，分别为科技项目管理制度和环境技术评价制度。

（1）科技项目管理制度

我国典型的科技项目管理制度主要有各大科研计划（"863""937"等）和国家自然科学基金的管理，这些制度的组织机构设置，可以为环境技术验证评价制度组织机构设置提供参考。"863"计划管理体制类似于行政管理制度，这与计划财政资金支持性质有直接关系。"863"计划制度发起部门是科技部和总装备部，下设联合办公室管理"863"计划，联合办公室下设各领域办公室和领域中心。三者的关系可定位为科技部、总装备部为管理部门，联合办公室为直接管理机构，下设的领域办公室和领域中心为执行机构和技术支撑机构。此外，制度还设置了咨询组织，如"863"计划上层有计划专家委员会，为整个计划提供咨询，各领域中心都设有领域专家组，参与项目审查、检查、评估和验收工作。

国家自然科学基金也是财政支持的科技项目制度，由国务院（管理部门）直属事业单位——国家自然科学基金委员会进行管理（直接管理机构）。其下设 10 个学科分部（执行机构），负责各自学科领域的发展战略、优先资助领域和项目指南的编写，以及基金项目的组织与管理工作。另外，国家自然科学基金委员会下设监督委员会和咨询委员会。

以上两个示例代表了我国科技项目管理制度的常规组织机构模式，其特征在于：①制度运行经费、项目经费全部由国家财政支付，因此，由国家行政主管部门作为制度的管理部门。②组织上层机构是一种行政管理体制，由国家部委设置的直接管理机构负责制度的实施管理。③下层执行机构和技术支持机构则按照学科或领域分类设置，负责各自领域的项目管理。这些执行机构都设置在行政体制内部，未交由第三方机构。

这种组织结构适合于我国现行的财政支持的科技制度，上层国家部委可以很好地为科技计划有效实施提供行政资源保障；下层执行机构可以提供专业的管理和咨询服务，更有效地进行科技资源和资金的分配。

这种模式的缺点在于，行政管理部门权力相对集中，有时会出现监管不力的现象，因此，大多独立设置监管部门，保证科技项目合理分配。

目前，科技项目评价和验收等绩效管理，逐渐转向由第三方权威的机构组织实施，这样可以最大限度避免"既当运动员又当裁判员"的问题发生。

（2）环境技术评价制度

我国现有比较成熟的环境技术评价模式有专家评议模式和合格评定模式两种，前者以环境保护科学技术奖评奖、国家环境保护科技成果鉴定为代表；后者以中国环境标志产品认证制度为代表。二者有不同的组织结构和管理模式，可以为环境技术验证制度提供参考。

1）环境技术专家评议模式的组织结构与管理模式。随着政府职能转变的不断深化，国家生态环境行政主管部门已经不再直接组织科技鉴定。2006 年起，环境科技成果鉴定职能转移至中国环境科学学会。生态环境部对中国环境科学学会工作进行指导，评审过程由专家评审委员会完成。鉴定工作正式转化为一种评价机构行为。

环境保护科学技术奖的评奖工作组织结构与成果鉴定相似，但是不同的是，环境保护科学技术奖是行政部门颁发的奖励，属于一种行政奖励制度，其管理机构为奖励委员会，将奖励工作办公室设在中国环境科学学会作为执行机构，由专家评审委员会进行评奖。

从技术鉴定制度中可以看出，国家行政部门不再直接组织技术评价，而是委托或转移给第三方评价机构完成相关工作，实现了制度执行由行政体制向市场体制的转移。但是，像评奖、示范等公益性较强的制度，还是由国家行政部门管理，通过设置管理办公室等执行机构，具体负责制度的组织实施。

2）我国现行合格评定模式的组织结构与管理模式。中国环境标志产品认证委员会是国家环境标志产品认证机构，由原国家环境保护总局、原国家质检总局等 11 个部委的代表和知名专家组成，可以理解为制度的管理机构，委员会下设秘书处作为制度的执行机构。委员会及其秘书处现由生态环境部代为管理，即秘书处设置在管理部门内部。

环境标志所有权归生态环境部（管理机构），而生态环境部指定运营机构（执行机构、技术支持机构）作为产品认证机构，目前是中环联合（北京）认证中心有限公司（简称认证中心）负责中国环境标志的发放以及标志使用的日常管理。认证中心下设技术委员会，对环境标志产品综合评价报告进行审查。

这种由国家主管部门（管理机构）所有和管理，第三方机构（执行机构）负责操作和实施的组织结构模式，既保证了制度的权威性，又可借助市场化手段，加快制度发展，同时，可以明确管理责任，便于监管。与美国、日本的 ETV 制度的组织与管理模式相似。这种由国家主管部门"所有"，由"企业"运营的机制，可以更好更快地推动 ETV 工作启动、开展，保障其有效实施，与此同时，市场化的运作有利于认证的可持续发展。

2.3.2　ETV 制度设计

（1）验证机构、测试机构、验证技术专家组的选择

验证机构受验证秘书处委托，是开展环境技术验证的执行机构，独立于技术委托单位、技术使用单位。验证过程中的测试由测试机构负责。测试机构是在验证过程中执行测试工作的机构，受验证机构或技术申请者的委托，根据申请验证的环境保护技术的特点和技术申请者的要求，按照相关规范或测试计划进行测试。测试机构根据合同约定和实证评价方案要求开展测试工作。测试机构根据测试结果编制实证测试报告，并按规定程序进行审查。测试机构应取得国家认证认可监督管理委员会或省级以上市场监督管理部门的计量认证资质，具备向社会出具具有证明作用的数据和结果的资格，具备环境保护监测、分析等经验。

（2）ETV 评价程序设计

我国 ETV 评价程序包括验证申请、验证准备、验证测试、验证评价和验证结果发布 5 个阶段，基本程序见图 2-1。

```
                    ┌─────────────────────────┐
                    │       验证申请阶段        │
                    │     申请、初审、受理      │
                    └─────────────────────────┘
                                │
                                ▼
┌──────────────┐    ┌─────────────────────────┐    ┌──────────────┐
│              │    │       验证准备阶段        │    │              │
│ 当已有数据部分满 │   │ 技术审核、选定验证测试场所、制 │    │              │
│ 足验证评价要求时，│   │ 订验证评价计划、签订验证合同等 │    │              │
│ 进行补充测试    │    └─────────────────────────┘    │              │
│              │                │                │              │
│              │                ▼                │ 当已有数据满足验 │
│              │    ┌─────────────────────────┐    │ 证评价需求时,可直 │
│              │    │       验证测试阶段        │    │ 接进行验证评价    │
│              │    │ 验证测试准备、验证测试实施、测 │    │              │
│              │    │ 试数据评价与分析、编制验证测试 │    │              │
│              │    │ 报告                     │    │              │
└──────────────┘    └─────────────────────────┘    │              │
                                │                │              │
                                ▼                │              │
                    ┌─────────────────────────┐    │              │
                    │       验证评价阶段        │    │              │
                    │ 对技术资料与测试数据的分析评 │    │              │
                    │ 价、编制验证评价报告       │    │              │
                    └─────────────────────────┘    └──────────────┘
                                │
                                ▼
                    ┌─────────────────────────┐
                    │     验证结果发布阶段       │
                    │ 生态环境部批准发布验证声明，验 │
                    │ 证办公室公布验证报告       │
                    └─────────────────────────┘
```

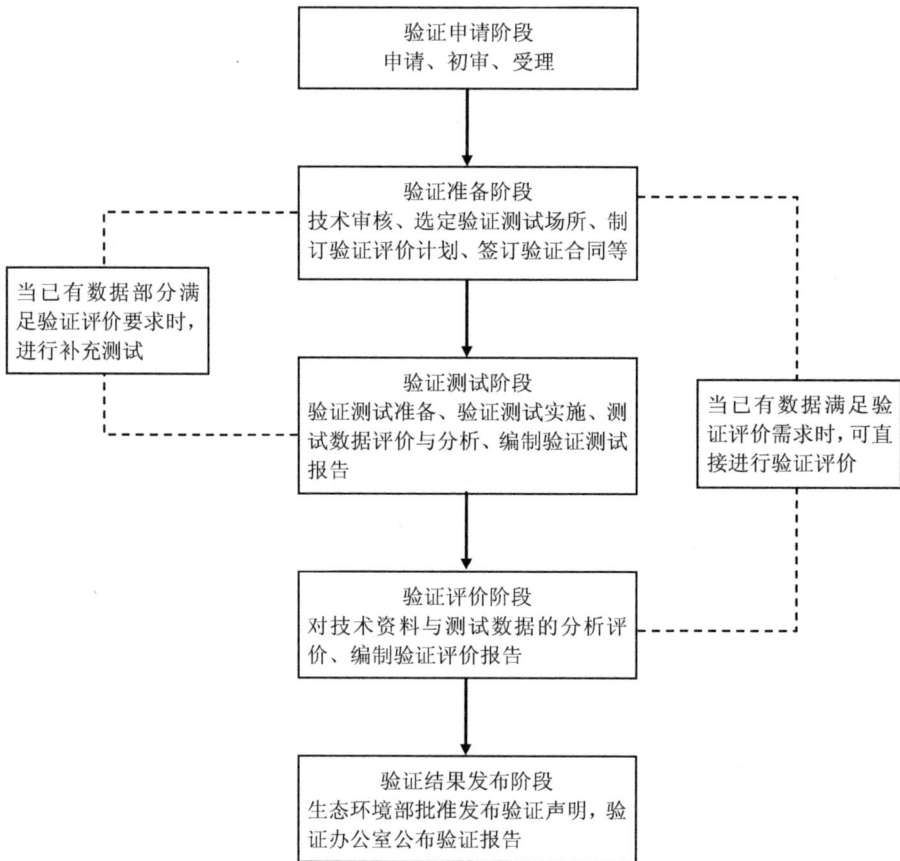

图 2-1　我国 ETV 评价程序设计

（3）ETV 评价文件体系设计

ETV 评价文件体系设置时既要考虑管理的正规和合法性，又要考虑行政管理的认可和指导，同时要考虑制度执行过程中的技术支持问题。我国 ETV 评价文件体系主要有：管理文件、技术文件、验证过程文件、验证结果文件 4 类。

（4）ETV 领域的选择

ETV 评价技术可分为 3 个层次：第 1 层次比较宏观，范围很广，称为技术领域，可按环境要素来分，如水处理技术领域、大气处理技术领域、固体废物处理技术领域等，监测技术有相似特征，涉及面广，单独列为一技术领域；第 2 层次称为技术类别，是对技术领域的具体化，针对某一类技术，如水处理技术领域中城市污水处理技术、制药废水处理技术、污泥减量化技术等；第 3 层次称为具体技术，针对某一具体验证技术，如城市污水处理技术中 SBR 处理技术、深度脱氮除磷技术等。

（5）ETV 评价制度的经费模式

目前我国环境管理制度（如环境影响评价）中管理工作经费由财政支持，而相应的技术支持工作费用（如环境影响评价报告编制、建设项目验收测试等技术服务费用）则由企业自行承担。我国 ETV 评价制度也可参照环境管理制度费用模式，财政资金保证制度建设和运行，技术验证费用由申请者承担。

2.4　我国环境技术验证评价方法与质量保证体系

2.4.1　程序及方法

2.4.1.1　ETV 评价工作流程

验证评价的流程要明确清晰，体现验证各方的关系和责任。具体的验证评价程序可分为委托、准备、测试、评价和结果公布 5 个阶段（表 2-2、图 2-2）。

表 2-2　ETV 评价的主要阶段及各阶段主要内容

阶段名称	主要工作内容
委托阶段	技术持有者向环境保护技术验证评价联盟秘书处提出评价申请，签订评价协议； 环境保护技术验证评价联盟秘书处判断是否接受验证的申请； 从环境保护技术验证评价联盟成员单位中选定验证评价机构，确认评价意向
准备阶段	验证评价机构对技术持有者提交的技术进行审核； 验证评价机构制定翔实的评价方案，评价各方确定评价方案； 环境保护技术验证评价联盟秘书处备案，签订技术验证评价合同
测试阶段	第三方测试机构开展测试，获得数据； 现有数据满足评价要求时，可以不进行测试，直接对现有数据进行评价； 测试机构向验证评价机构提交测试报告
评价阶段	验证评价机构分析技术资料和数据，得出性能分析结果，编制评价报告； 向环境保护技术验证评价联盟秘书处提交验证评价报告
结果公布阶段	环境保护技术验证评价联盟秘书处审核验证评价报告，编制评价结果声明； 在不涉及商业秘密、知识产权的前提下通过中国环境科学学会网站和环境保护技术验证评价联盟活动发布验证结果

```
        ┌─────────────────────┐
        │    评价申请          │
        │    签订评价协议      │
        └──────────┬──────────┘
                   │
        ┌──────────▼──────────┐
        │  环境保护技术验证     │  否    ┌────────┐
        │  评价联盟秘书处初审   ├──────▶│  终止  │
        └──────────┬──────────┘        └────────┘
                   │ 是
        ┌──────────▼──────────────────┐
        │  环境保护技术验证评价联盟秘书处  │   委托阶段
        │  推荐验证评价机构，协调评价各方，│
        │  确认评价意向                │
        └──────────┬──────────────────┘
- - - - - - - - - - │ - - - - - - - - - - - - - - - - -
┌──────────┐       │        ┌──────────┐
│ 修改技术  │◀─否── 验证评价机构技术审核 ──否─▶│ 补充材料 │
│ 自我声明  │       └──────────┘        └──────────┘
└──────────┘       │ 是
┌──────────┐   ┌──────────────────┐
│ 改进验证  │   │  制定验证评价方案  │
│ 评价方案  │   └──────────┬───────┘
└──────────┘        │
       ◀──否── 评价各方确定验证评价方案
                   │ 是
        ┌──────────▼──────────┐
        │  由环境保护技术验证评价  │   准备阶段
        │  联盟秘书处备案       │
        └──────────┬──────────┘
        ┌──────────▼──────────┐
        │    签订验证评价合同    │
        └──────────┬──────────┘
- - - - - - - - - - │ - - - - - - - - - - - - - - - - -
        ┌──────────▼──────────┐
        │      测试准备        │
        └──────────┬──────────┘
        ┌──────────▼──────────┐
        │    测试机构实施测试    │   测试阶段
        └──────────┬──────────┘
        ┌──────────▼──────────────┐
        │ 测试机构向验证评价机构提交测试报告 │
        └──────────┬──────────────┘
- - - - - - - - - - │ - - - - - - - - - - - - - - - - -
        ┌──────────▼──────────┐
        │  验证评价机构开展验证评价  │
        └──────────┬──────────┘
┌──────────┐       │
│采取补充测试│◀─否── 验证评价机构开展数据评价审核
│或评价措施 │       │ 是
└──────────┘   ┌───▼──────────────┐
        │  验证评价机构编写验证评价报告 │   评价阶段
        └──────────┬──────────┘
        ┌──────────▼──────────┐
        │  向环境保护技术验证评价联盟  │
        │  秘书处提交验证评价报告    │
        └──────────┬──────────┘
- - - - - - - - - - │ - - - - - - - - - - - - - - - - -
        ┌──────────▼──────────┐
        │  环境保护技术验证评价联盟秘书  │
        │  处审核验证评价报告，编制评价  │
        │  结果声明              │   结果公布阶段
        └──────────┬──────────┘
        ┌──────────▼──────────┐
        │  通过专用网络向社会公布  │
        └──────────┬──────────┘
        ┌──────────▼──────────┐
        │        结束          │
        └─────────────────────┘
```

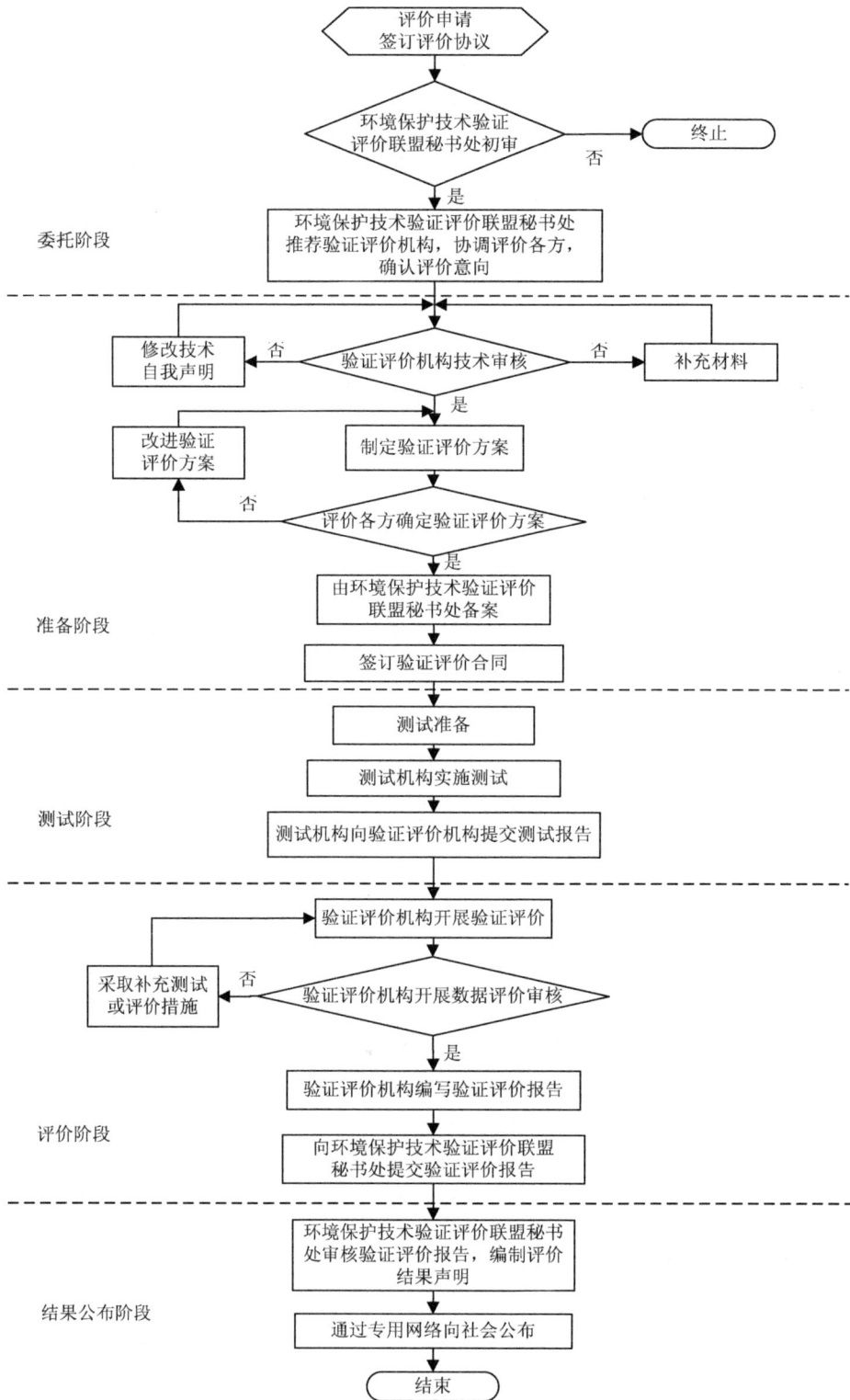

图 2-2　ETV 评价工作流程

可以看出，环境技术验证评价工作开展过程中会涉及技术持有者、第三方机构、分析测试机构和技术专家组等各相关方，不同相关方应承担的职责阐释如下。

（1）技术持有者

技术持有者是申请新技术、新设备、新工艺验收评价的申请方，其主要职责包括：配合评价机构的评价工作，提供评价机构所需的一切资料；参与"验证评价方案"的制定，并认可"验证评价方案"；提供技术资料、验证场所资料、工艺流程图等相关资料。在实验测试过程中，设施运行按正常的操作程序进行，未经验证评价机构和测试机构的同意，不得对运行条件进行调整。特别在采样期间，应保证设施处于正常运行工况条件下，如有工艺参数波动或调整，应如实提供相关书面记录；配合测试和验证评价工作，检测设备安装、耗材准备、测试场地条件准备等，为采样及样品分析提供必要支持和配合；为采样测试人员提供工作条件及必要的支持和配合等；参与"测试报告"和"技术评价报告"的讨论；配合验证评价机构组织技术验证专家组会议。

（2）第三方机构

第三方机构应秉持公开、公平、公正的总体原则，承担下述主要职责：组织制定"验证评价方案"，审定"验证评价方案"；委托具有资质的测试机构按"验证评价方案"的要求完成采样、分析、测试等工作；负责技术验证专家组的工作，组织召开技术验证专家组会议，对验证评价计划和评价结果进行审查和讨论；参加现场测试取样、工艺运行参数的核定；分析测试数据，评价技术性能，编制"验证评价报告"；对"验证评价报告"真实性、科学性、合理性负责。

（3）分析测试机构

分析测试机构是环境技术验证评价中非常重要的参与方，其主要职责包括：负责按照"验证评价方案"的要求确认现场具备开展测试采样的条件和工作条件后采集和分析样品，并做好采样和分析过程记录；对测试结果进行数据分析，编制"测试报告"，并向验证评价机构和技术持有者提供加盖中国检验检测机构资质认定（China Inspection Body and Laboratory Mandatory Approval，CMA）专用章和测试机构印章的"测试报告"；对技术的细节及运行维护方法等重要技术内容进行保密；保证在验证测试期间无任何造假、作弊等违规行为。

（4）技术专家组

技术专家组作为环境技术验证评价过程中的临时团建团队，其主要职责包括：参与"技术评价方案"的制定和讨论；参与"测试报告"和"技术评价报告"的审查与讨论；提供技术支持和其他必要的咨询服务。

2.4.1.2　测试参数体系

测试参数是体现验证评价的核心内容，是进行验证评价的主要依据。测试参数的分类和选择是整个验证过程的基础。我国环境技术验证测试的参数包括以下 3 类,见图 2-3。

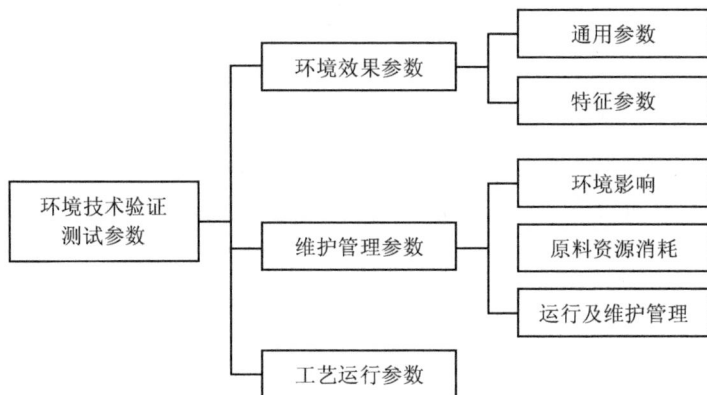

图 2-3　我国环境技术验证测试的参数体系分类

环境效果参数是用来表征环境技术的污染物处理效果的参数,是环境技术验证测试的主要内容。对于污染治理技术,环境效果参数一般是污染物去除效果参数,对于监测技术,一般是准确度、精密度及被测污染物参数等。环境效果参数是必须验证的测试参数,而且必须通过验证测试获得。土壤修复技术应根据被评价技术处理的目标污染物来选取,目标污染物包括通用性污染物和特征性污染物。

维护管理参数是维持环境技术正常运行及日常维护的参数,如能源资源消耗(如水、电和药剂等)、经济成本、操作的难易程度等,主要用来衡量技术的运营和维护性能。维护管理参数属于必须验证的测试参数,此类参数主要通过记录和统计方式获取。维护管理参数由测试机构与技术申请者协商确定。

工艺运行参数是直接对环境技术稳定运行及污染物处理效果产生影响的工艺参数,如污水处理技术中的污泥回流比、水力停留时间等。工艺运行参数是必须验证的测试参数,且一般不少于 2 项,主要通过测试的方式获取。

2.4.1.3　测试场所的选择

根据环境技术的具体情况,可将测试场所分为污染物排放现场和实验室两类。测试方式也相应地分为两种,即现场测试方式和实验室测试加现场组合测试方式。现场测试场所选择原则如下:现场环境条件、设施运行状况、污染负荷、处理规模等能够充分反映技术的能力和特点;具备开展测试工作所需的硬件条件,如工艺单元和采样口布置便于操作,有可用的污染物处理量、物料消耗、能耗等的计量设备或便于改造、加装的计量设备等;现场设备、设施易于维护和清理;现场测试场所的所有者或运营方对测试工作能予以支持和配合。

2.4.1.4　测试周期

测试周期选择要反映所有技术运行工况，如启动、温度变化、负荷变化等，借鉴国内外验证技术测试周期，应由验证机构、测试机构、专家组结合实际情况确定测试周期。

2.4.1.5　样本数

样本数的估算参照《为估计批（或过程）平均质量选择样本量的方法》（GB/T 4891）执行。评价指标数据符合正态分布且确定使用《数据的统计处理和解释　正态分布均值和方差的估计与检验》（GB/T 4889）中的统计方法进行评价时，有效样本数应不少于 20。环境效果指标一般应为所需有效样本数的 120%。实际测试样本数应在估算得到的样本数基础上，综合考虑运行工艺稳定性情况、测试费用、测试时间等因素确定，样本数应有足够的代表性，且环境效果指标的样本数需要满足统计分析要求。

2.4.1.6　采样频率与采样时间点

采样频率、采样时间点应考虑生产周期、污染负荷变化、流量负荷变化、环境条件变化等因素，并结合样本数的要求确定。

2.4.2　测试数据处理与分析

2.4.2.1　测试数据处理

测试数据的处理按照《测量方法与结果的准确度（正确度与精密度）第 1 部分：总则与定义》（GB/T 6379.1）进行。数据可以用图或表格形式表述，也可以用绝对量、相对量、最大值、最小值、范围和均值来表述，但要做相应的说明。

2.4.2.2　编制测试报告

测试完成后，测试机构应当按照规定的格式和验证评价方案的要求编制测试报告。测试机构应对测试报告进行审查，由测试机构相关负责人签字并加盖 CMA 专用章和测试机构印章（或测试专用章）后，按照验证评价方案的要求提供正式报告原件。

2.4.3　测试的质量管理

2.4.3.1　一般规定

测试机构应按照《检测和校准实验室能力的通用要求》（GB/T 27025）、《质量管理体系　要求》（GB/T 19001）和《环境保护技术验证评价　通用规范（试行）》（T/CSES-1—2015）建立质量管理体系，并有效实施。测试应符合《环境监测质量管理技术导则》（HJ 630）的要求。测试过程应严格按照验证评价方案及相应的质量管理体系进行。

2.4.3.2　数据处理的质量管理

原始数据的质量管理应符合：①现场采集数据时，测试人员应及时、准确地把数据填写在规定的记录表上。记录表中应包括测试的时间、地点、环境条件及遇到的问题、数据的计算等；②测试人员现场采集数据后，应及时将原始数据记录表电子化并定期存档备份；③应根据测量仪器、方法的精确度、准确度及相关要求，确定数据的有效数字。

数据处理过程中的质量管理应符合：①测试人员对采集到的原始数据进行处理时，应确认使用的计量单位、计算公式；②数据计算时应遵循先修约、后计算的原则，数字的修约规则按《数值修约规则与极限数值的表示和判定》（GB/T 8170—2008）执行；③测量结果有效数字的位数不能低于方法检测限的有效数字的位数。

数据判定的质量管理。遇到临界状态，应反复进行多次测试；可疑数值在未断定是异常值时，应在数据记录中标明；对疑似离群数据，应进行统计检验。可疑值应按国家标准《数据的统计处理和解释　正态样本离群值的判断和处理》（GB/T 4883—2008）中规定的方法判定。

2.4.3.3　回避与保密要求

验证评价机构、测试机构、验证评价专家组、测试对象所有者或运营方等机构和人员应对整个测试过程中获取的技术和商业秘密保密。测试过程产生的数据、记录、报告等结果和文件，未经环境保护技术验证评价联盟秘书处同意不得对外公布。

2.5　我国环境技术验证评价实践情况

我国首个环境技术验证试点项目于 2011 年在浙江富阳展开，验证的技术为水蚯蚓原位消解污泥技术。"十一五"期间，水体污染控制与治理科技重大专项专门安排课题对 ETV 制度框架、验证程序、验证规范、评价方法等进行了系统研究，编制了环境保护技术验证评价相关文件，为验证评价的全面实施提供了技术支撑。近年来，中国环境科学学会联合环境保护技术验证评价联盟成员单位、国家环境保护工程技术中心、中国环境科学学会会员单位等，在医疗废物高温干热处理、污水防治生物处理、分散性污水处理、燃煤电厂超低排放等领域，联合开展了 30 余项技术验证评价项目，具体见表 2-3。

表 2-3　我国环境技术验证评价主要实践汇总表

序号	案例名称	数量
1	中国环境科学学会与中国科学院高能物理所合作完成"医疗废物高温干热处理技术"验证评价	1 项
2	中国环境科学学会与丹麦 ETA-Danmark 公司合作完成"牙科用水消毒技术"验证评价	1 项
3	中国环境科学学会与韩国环境产业技术研究院合作完成韩国"固体废物分拣""污泥脱水技术""自来水厂水源絮凝过滤"等 3 项技术验证评价	3 项
4	中国环境科学学会与法国 RESCOLL 咨询公司合作完成"室内空气净化技术"验证评价	1 项

序号	案例名称	数量
5	中国环境科学学会与生态环境部对外合作中心合作完成"水泥窑处置垃圾焚烧飞灰技术"验证评价，验证技术依托全球环境基金项目	1 项
6	中国环境科学学会完成 5 项水处理技术的验证评价，验证技术依托"十一五"水专项	5 项
7	中国环境科学学会完成 3 项技术验证评价项目，验证技术依托国家"863"项目	3 项
8	中国环境科学学会完成中国科学院北京综合研究中心研发的"废荧光灯管处理过程含汞废气低温等离子体集成处理技术"验证评价	1 项
9	中国环境科学学会与中国环境科学研究院合作完成化工、生态修复、造纸废水、废水监测等 9 项水处理技术的验证，验证技术依托"十二五"水专项课题	9 项
10	中国环境科学学会与辽宁省环科院合作完成"城镇污水处理厂蚯蚓处理污泥技术"验证评价	1 项
11	中国环境科学学会与沈阳环境科学研究院合作完成"医疗废物旋转式高温蒸汽消毒器处理技术"验证评价	1 项
12	中国环境科学学会与中国科学院北京综合研究中心合作完成"医疗废物环氧乙烷消毒处理技术""医疗废物热熔固化消毒处理技术""医疗废物焚烧烟气二噁英及汞等多污染物低温等离子体集成处理技术"验证评价	3 项
13	中国环境科学学会与生态环境部环境规划院合作完成 3 项土壤修复技术验证评价	3 项
14	中国环境科学学会与沈阳环境科学研究院合作完成"医疗废物摩擦热处理技术""医疗废物多级油气转化分离式自持裂解技术""医疗废物原位非接触破碎自热技术"验证评价	3 项
汇总		36 项

综上所述，环境技术验证评价具有以下几个特点：

1) ETV 是一种国际化的新型技术成果评价模式，主要服务于创新技术成果的市场转化，评价对象通常为商业化或者具有商业化潜力的各类环境创新技术；

2) ETV 的核心是在一定测试周期内，测试技术在实际运行工况下的性能参数；

3) ETV 不判定技术是否合格、是否先进，不采用"国际领先、国内首创"等主观评判，而是通过公布第三方测试数据，供投资方和技术用户参考。

环境技术验证评价具有以下功能定位：

1) ETV 作为由国际引入国内的一项新型技术评价手段，具有很高的国际认可度，可为我国的环境新技术推向国际市场提供支持；

2) ETV 对新技术的商业化和产业化起到了支持的作用，是新技术向市场转化的桥梁，能够提高环境新技术商业化、产业化效率；

3) 通过 ETV 的环境新技术也为建立相应的行业技术标准提供了有效支撑，是生态环境标准制定的重要参考依据；

4) ETV 可满足现阶段生态环境管理体系的技术支撑需求，为排污许可制度和最佳可行性技术的实施提供技术支持；

5）ETV 从技术层面客观评价新技术，技术应用者可参考技术参数指标，作为技术应用决策依据。

2.6　典型案例分析

2015 年，中国环境科学学会联合中国科学院高能物理研究所完成了医疗废物高温干热处理技术的技术验证评价工作，该技术目前已经实现规模化推广应用，这个项目的顺利完成检验了技术验证评价在中国的可行性，以及《环境保护技术验证评价实施指南》的有效性和指导性。

医疗废物处理处置技术为技术验证优先领域，以医疗废物高温干热处理技术应用案例，分析医疗废物领域技术验证实施案例，包括测试参数选取、现场测试、评价方法、评价结论、成果编制等，以期为焦化污染地块修复技术验证评价研究提供一定的参考和借鉴。

（1）技术简介

医疗废物高温干热处理技术是一种新型医疗废物处理技术，属于非焚烧处理技术，其原理是将医疗废物经过高强度碾磨后，暴露在负压高温环境下并停留一定的时间，热量高效传导至待处理的医疗废物中，使其所带致病微生物发生蛋白质变性和凝固，进而导致医疗废物中的致病微生物死亡，同时，配备废气处理系统，对处理过程产生的颗粒物、挥发性有机物等污染物进行控制，使医疗废物减量化、无害化，达到安全处理的目的。工艺流程见图 2-4。

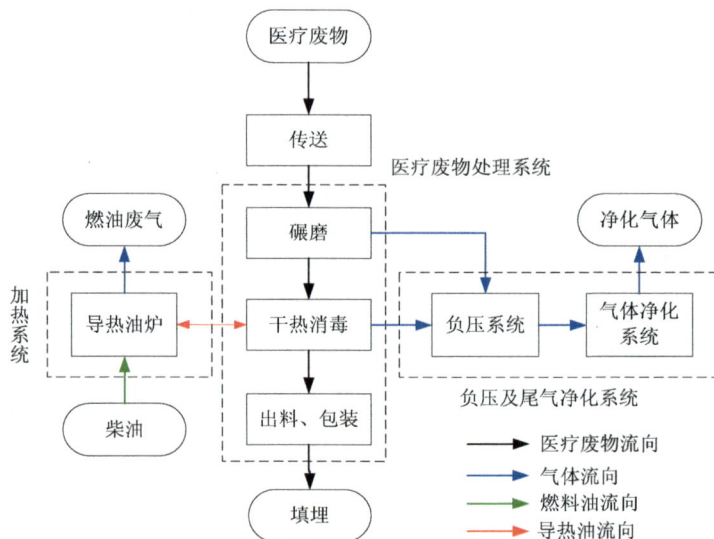

图 2-4　高温干热处理技术工艺流程

（2）测试场所

验证评价测试选择在辽宁朝阳市医疗废物处理中心进行，该中心由欧尔东有限公司投资建设并运营，设计处理能力为 5 t/d。总投资 2 500 万元，占地面积 4 282 m²，厂址位于朝阳市龙城区召都巴镇土城子村东山沟（里沟），紧邻朝阳市垃圾填埋场，距离朝阳市区约 12 km。厂区拥有生产车间、行政办公楼、化验室等。该医疗废物处理中心从 2014 年 1 月 1 日投入运行。

（3）测试参数选取

根据环境保护技术验证相关规范的要求，以及高温干热处理技术的特点和评价目标，测试参数分为环境效果参数、工艺运行参数和维护管理参数。具体测试参数见表 2-4。

表 2-4　医疗废物高温干热处理技术验证评价参数一览表

参数类别	对象	具体参数
环境效果参数	消毒效果	对枯草杆菌黑色变种芽孢的杀灭对数值
	大气污染物	TVOC、臭气、颗粒物、汞及其化合物（以 Hg 计）、氯化氢、氯气、尾气净化系统排放出口附近空气中的细菌总数、医疗废物处理设备出料口处空气中的细菌总数
工艺运行参数	医疗废物高温干热处理系统	消毒时间
		消毒温度
		搅拌器转速
	处理能力	单位时间处理能力，折算成日处理能力
维护管理参数	处理单位重量医疗废物的综合能耗（以标准煤计）	电耗
		柴油消耗量

（4）测试条件及方法

技术持有者/技术使用方按照《维护运行说明书》的要求进行正常的生产和维护，在正常工况下进行取样测试，运行工艺参数达到如下要求：医疗废物处理量：4～5 t/d；消毒温度：170～210℃；消毒时间：20 min。朝阳市环境监测站派专人负责监督技术持有者/技术使用方的现场操作，保证技术持有者/技术使用方按照操作规范及程序进行操作。测试机构确定现场具备开展测试采样的条件和工作条件。

（5）环境样品采集

在验证测试过程中，采集的消毒效果检测样品和废气样品共计 288 个。具体环境样品的采集安排见表 2-5。

表 2-5 医疗废物高温干热处理技术样品采集安排

参数类别	类别	采样点	测试指标	采集频次	样品数量	样品类型
环境效果参数	大气样品	尾气净化系统排放出口（排气采样口1、排气采样口2）	TVOC、臭气、颗粒物	每天采测4个有效数据。每组有效数据需要在连续的2~3个废物处理批次中获得	168个	混合样。消毒器正式启动消毒程序时开始检测，直到获得有效数据
			汞及其化合物、氯化氢、氯气	每天采测3个有效数据。每组有效数据需要在连续的2~3个废物处理批次中获得	63个	混合样。消毒器正式启动消毒程序时开始检测，直到获得有效数据
		尾气净化系统排放出口（排气采样口2）	尾气净化系统排放出口附近空气细菌总数（空气自然菌）	医疗废物高温干热处理设备完成消毒开始出料时测3次	3个	混合样，按照标准方法操作取样
		车间敏感位置（处理设备出料口）	细菌总数（空气自然菌）	医疗废物高温干热处理设备完成消毒开始出料时测3次	3个	混合样，按照规范方法操作取样
		尾气净化系统排放出口（排气采样口2）、净化前气体采样口	VOCs处理效率验证分析	采6个有效数据，进口出口各3个，数据需要在连续的2~3个废物处理批次中获得	6个	混合样。消毒器正式启动消毒程序时开始检测，直到获得有效数据
	消毒效果检测	在医疗废物中加入标准微生物样品	对枯草杆菌黑色变种芽孢杀灭对数值	在消毒罐体内部的上面、中央、下面3个位置分别放置3个标准染菌样品；每重复3次实验可以得到一组有效数据；2014年7月30日、2014年8月13日除放置标准染菌样品以外，还在相同位置放置了染菌输液管作为辅助样品	45个	标准染菌样品及染菌输液管
工艺运行参数	记录表格	医疗废物高温干热处理系统运行参数仪表/医疗废物称重设备	消毒时间、消毒温度、搅拌器转速、处理量	记录当天所有医疗废物处理批次的相关信息	—	朝阳市医疗废物处理中心工作人员记录，经朝阳市环境监测站现场测试人员审核签字的记录表格
维护管理参数			电耗、柴油消耗量			

以上样品的采集和测定均按照有关国家标准、生态环境标准和《消毒技术规范》（卫法监发〔2002〕282 号）中规定的方法进行。

（6）验证评价结果

医疗废物高温干热处理技术是一种非焚烧处理技术，验证评价期间，可达到以下效果：对枯草杆菌黑色变种芽孢的杀灭对数值＞5，达到对枯草杆菌黑色变种芽孢的杀灭对数值≥4 的消毒性能要求；废气排放达到《大气污染物综合排放标准》（GB 16297—1996）及《恶臭污染物排放标准》（GB 14554—1993）中排放限值要求（表 2-6）。

表 2-6　大气污染物测试结果

测试项目	测试结果/（mg/m³）	排放限值/（mg/m³）	达标率/%
TVOC（方法 1）	2.25～3.89	—	—
TVOC（方法 2）	3.80～6.08	—	—
TVOC（方法 2）净化效率	57.8%～66.7%	—	—
臭气	＜10（排气管道内采样）	10（厂界一级标准值）	100
颗粒物	18～22	120	100
汞及其化合物（以 Hg 计）	未检出	0.012	100
氯化氢	＜0.9	100	100
氯气	＜0.2	65	100

注：依据 HJ/T 27—1999、HJ/T 30—1999，按照固定污染源有组织排放采样分析，氯气检出限为 0.2 mg/m³，氯化氢检出限为 0.9 mg/m³。

被验证技术的处理对象为感染性医疗废物、损伤性医疗废物以及部分不可辨识的病理性废物。系统的处理能力为 0.3 t/h。如按每天工作 18 h 计算，处理能力为 5.4 t/d；如按每天工作 24 h 计算，处理能力为 7.4 t/d。系统耗电量为 27.31 kW·h/t（医疗废物），消耗柴油量为 16.89 kg/t（医疗废物），综合能耗为 27.94 kg（标准煤）/t（医疗废物）；高温干热处理过程无水耗（不含清洗医疗废物转运箱用水）。系统运行稳定，设施运行参数正常，未出现影响工艺正常运行的故障。消毒温度稳定在 170～217℃，消毒时间为 20 min，搅拌速度为 21 r/min，消毒罐内部压力为 4 200～4 600 Pa。

医疗废物高温干热处理技术应用案例，进一步检验了技术验证评价在我国的可行性，以及《环境保护技术验证评价实施指南》《环境保护技术验证评价　通用规范（试行）》等指南规范的有效性和指导性，为在我国土壤修复领域开展技术验证评价方法和案例研究提供了有效借鉴。

第3章 土壤修复技术验证评价方法体系研究

随着我国环境修复产业的不断发展，人们对环境质量的需求越来越高，对环境修复过程中产生的二次污染问题越来越敏感。因此，环境修复领域对于新技术的需求越来越强烈。然而，针对污染场地的治理新技术，缺少一套公认的程序和方法来开展修复技术的有效评估，不利于环境修复领域技术进步、技术推广。目前，大气环境、水环境在环境技术验证评价工作上进行了一定程度的探索，但土壤环境修复领域尚未开展环境技术验证评价，尤其在指标体系构建、测试周期、采样布点数量与位置、评价方法等关键技术方面缺乏经验，如何针对环境修复技术进行验证评价，需要结合国内典型类型的污染场地，尽快开展修复技术验证评估的试点和探索，促进行业快速发展。

焦化污染地块是我国典型的污染地块类型之一，其特点是地块占地面积大、污染类型典型、污染程度较重，是污染地块环境管理的重点和难点。在过去我国污染地块治理修复和开发利用的实践过程中，先后出现了北京焦化厂遗留地块、重庆钢铁集团遗留地块、武汉东钢遗留地块、广东白鹤洞钢铁遗留地块、山西煤气化厂遗留地块、杭州钢铁厂遗留地块等一批典型的焦化生产区遗留地块，引起行业和社会的高度关注。根据全国重点行业企业用地调查的初步结果，纳入调查的钢铁与焦化类型的地块在 7 种主要类型地块中排名第三，地块数量（含在产和遗留地块）初步估计有千余块，对修复技术的需求强烈。

3.1 修复及风险管控常用技术

为了有针对性地建立环境技术验证评价指标体系，通过对国内污染地块案例进行分析，总结归纳出污染地块常见的修复技术。针对每一类修复技术，列举了相对比较常见的修复技术，为后续针对具体技术的工艺运行指标参数提供支持。目前，我国常见的污染地块修复技术包括热修复技术、化学氧化技术、洗脱技术、抽提技术和生物修复技术；常见的污染地块地下水修复技术包括抽出-处理技术、抽出-注入技术以及吹脱处理技术；常见的污染地块风险管控技术包括固化/稳定化技术及阻隔技术。

根据修复技术应用的原位异位情况、使用能源情况等，污染地块修复及风险管控常用技术具体如下：①热修复技术主要包括水泥窑协同处置技术、原位电加热热传导热脱附技术、原位燃气加热热传导热脱附技术、原位热蒸汽注入技术、原位电阻加热热脱附技术、异位直接热脱附技术、常温热解吸技术、异位堆式热脱附技术、异位间接热脱附技术；②化学氧化技术主要包括原位化学氧化技术、异位化学氧化技术；③洗脱技术主要包括异位土壤洗脱技术、原位土壤洗脱技术；④抽提技术主要包括生物堆技术、多相抽提技术、双相抽提技术、气相抽提技术、原位生物通风技术；⑤生物修复技术主要包括生物堆修复技术；⑥抽出-处理技术；⑦抽出-注入技术；⑧吹脱处理技术主要包括异位吹脱技术、原位空气曝气技术；⑨固化/稳定化技术主要包括原位固化/稳定化技术、异位固化/稳定化技术；⑩阻隔技术主要包括渗透反应墙（PRB）或反应带技术、水泥搅拌桩墙、高压喷射灌浆墙、水泥帷幕灌（注）浆墙、高密度聚乙烯（HDPE）土工膜隔离墙、土-膨润土隔离墙等垂直阻隔技术，以及混凝土水平阻隔、黏土水平阻隔、柔性水平阻隔等水平阻隔技术。

3.2　评价指标体系构建

在我国碳达峰、碳中和的大背景下，当前土壤修复技术和工程的发展方向是绿色、低碳与可持续的。在我国环境治理技术验证评价总则的指导下，针对焦化污染场地污染特征及治理修复技术特点，为了评价技术的修复效果、运行可靠性、经济性、绿色性、低碳可持续性，计划从环境效果、工艺运行和维护管理 3 个方面进行综合评价，建立有针对性、操作性的焦化污染场地治理修复和风险管控技术验证的指标体系。

焦化污染地块典型治理修复技术验证评价指标体系的构建是验证评价过程的关键环节，即测试技术在实际运行工况下的性能参数，包括环境效果、工艺运行和维护管理等一级指标，同时下设若干二级及三级指标。结合对焦化污染地块风险管控与修复技术类型的分析，本研究设计出由 3 个一级指标和 8 个二级指标共同构成的指标体系，具体见表 3-1。

表 3-1　污染地块修复技术验证评价指标体系框架

一级指标	二级指标	三级指标
环境效果	目标污染物	苯系物（BTEX）、多环芳烃（PAHs）、石油烃（TPH）、苯胺类和联苯胺类、酚类物质、重金属类及其他无机类
	工程性能指标	抗压强度、渗透性能、阻隔性能、工程运行的连续性和设施的完整性

一级指标	二级指标		三级指标
环境效果	绿色低碳性指标	土壤/地下水	过程产物、降解产物
		固体废物	一般工业固体废物、危险废物产生量
		废水	关注污染物、常规污染物排放量是否达标
		废气	关注污染物、常规污染物排放量是否达标
		噪声	等效连续 A 声级（L_{Aeq}）
		低碳性	二氧化碳、甲烷排放强度
工艺运行	技术参数		影响半径、热效率
			其他
	运行参数		温度、压力、流量、频率、处理量、时间
			其他
维护管理	运行可靠性		连续稳定运行时间
			故障及异常发生频率
			故障严重程度
			其他
	资源能源、材料消耗		水耗
			能耗（燃气消耗量、汽油柴油消耗量、电力消耗量）
			药剂、材料种类及用量
			人工、机械
			单台（套）仪器设备的占地面积
			其他
	维护管理方便性		排查故障时间
			日常维护保养时间

3.2.1　环境效果指标

环境效果指标包括目标污染物、工程性能指标、绿色低碳性指标。目标污染物应根据技术自我声明、测试对象和被评价技术的修复目标污染物等来选取，一般用去除率或达标率进行表征。目标污染物包括苯系物（BTEX）、多环芳烃（PAHs）、石油烃（TPH）、苯胺类和联苯胺类、酚类物质、重金属类及其他无机类，具体污染物根据实际技术应用地块确定。工程性能指标应包括抗压强度、渗透性能、阻隔性能、工程运行的连续性和设施的完整性等。绿色低碳性指标应包括土壤/地下水、固体废物、废水、废气、噪声等二次污染指标，以及二氧化碳、甲烷等的排放强度指标。

由于固化/稳定化技术只是改变污染物的形态，并未将污染物从土壤中彻底去除，因此不仅需考虑目标污染物在分析测试期间的处理效果，还应考虑固化/稳定化技术的稳定性趋势。

3.2.2　工艺运行指标

工艺运行指标应根据被评价技术的具体特点确定，选择直接对修复技术稳定运行及污染物处理效果产生影响的工艺运行指标，如温度、压力、流量、药剂添加量、频率、处理量、时间等。根据不同修复技术的特征，表 3-2 分析了典型修复技术的工艺运行指标。对于表中未提及的相关技术，应当参照相同或相近原理技术的特征指标选择相关指标。不同类型的土壤对修复技术工艺运行参数的影响很大，因此技术验证评价过程中应同时测定土壤的各种理化性质指标，包括土壤有机质含量、土壤容重、土壤含水率、土壤颗粒密度等指标，以提高工艺运行参数的针对性和有效性。

表 3-2　不同土壤和地下水修复技术对应的工艺运行指标

技术类别		指标	单位
焦化污染地块土壤修复技术	热修复技术（以水泥窑协同处置技术为例）	污染土壤处置能力	t/d
		土壤最大进料含水率	%
		土壤最大进料粒径	mm
		水泥窑土壤停留时间	min
		二燃室温度	℃
		二燃室气体停留时间	min
		水泥窑气体温度	℃
		水泥窑出口温度	℃
		其他	—
	热修复技术（以电加热原位热传导热脱附技术为例）	加热方式	—
		加热井间距	m
		升温速率	℃/d
		加热时间	d
		加热温度	℃
		保温时间	d
		加热体积	m³
		加热功率	kW
		抽提流量、压力	m³/min、MPa
		电流	A
		地面处理设备运行工况	—
		其他	—
	热修复技术（以异位直接热脱附技术为例）	处理规模	t/d
		土壤最大进料粒径	mm
		土壤最大进料含水率	%
		回转窑加热温度/出土温度	℃
		回转窑燃烧器燃气流量	m³/h
		回转窑燃烧器助燃空气流量	m³/h

技术类别		指标	单位
焦化污染地块土壤修复技术	热修复技术（以异位直接热脱附技术为例）	二燃室温度	℃
		二燃室燃烧器燃气流量	m^3/h
		二燃室燃烧器助燃空气流量	m^3/h
		二燃室气体停留时间	min
		土壤停留时间	min
		急冷塔喷水量	m^3/h
		除酸塔喷水量	m^3/h
		尾气风机抽提流量/压力	m^3/h、kPa
		其他	—
	化学氧化技术（以原位化学氧化技术为例）	注入方式	—
		注入井间距	m
		注入深度	m
		注入速率与压力	m^3/min、MPa
		药剂添加量	kg/m^3
		药剂添加频率	次
		其他	—
	化学氧化技术（以异位化学氧化技术为例）	混合搅拌方式	—
		混合搅拌频率	次
		土壤含水率	%
		药剂添加量	%
		药剂添加频率	次
		批次修复时间	d
		其他	—
	洗脱技术（以异位洗脱技术为例）	增效剂选择	—
		水土比	—
		洗脱药剂添加量	kg/L
		液体对目标污染物的去除效果	%
		洗脱时间	h
		洗脱次数	次
		各级筛分分离设备水量及水压	m^3、MPa
		混凝机内水量及水压	m^3、MPa
		固液分离后固体内残余量	t
		压滤设备处理量	t/h
		废水设备处理量	m^3/h
		废水处理时间	h
		其他	—
	抽提技术（以气相抽提技术为例）	抽气井深度和距离	m
		真空泵功率	kW
		真空度	Pa
		气相抽提范围半径	m
		抽气流量	m^3/h

技术类别		指标	单位
焦化污染地块土壤修复技术	抽提技术（以气相抽提技术为例）	修复时间	d
		地面尾气处理系统处理效率	%
		地面尾气处理系统处理能力	—
		其他	—
	生物修复技术（以生物堆技术为例）	修复时间	d
		土壤含水率	%
		土壤温度	℃
		土壤 pH	—
		土壤微生物含量	个/g
		土壤营养物质量及配比	—
		堆体内氧气含量	%
		其他	—
焦化污染地块地下水修复技术	抽出-处理技术	处理量	m^3/h
		处理工艺	—
		总处理时间	d
		修复过程中添加药剂种类及剂量	—
		抽水井布置形式	—
		抽水井数量	口
		抽水井间距	m
		单井抽水速率	L/h
		抽水井影响半径	m
		其他	—
	抽出-注入技术	处理量	m^3/h
		处理工艺	—
		总处理时间	d
		修复过程中添加药剂种类及剂量	—
		抽水井布置形式	—
		抽水井数量	口
		抽水井间距	m
		单井抽水速率	L/h
		抽水井影响半径	m
		回注井注入速率	L/h
		其他	—
	吹脱处理技术	吹脱塔类型	—
		塔体横截面积	m²
		填料类型	—
		填料高度	m
		水处理量	m^3/h
		气液比	—
		空塔气速	m/s
		鼓风机流量/压力	m^3/h、kPa
		水温	℃
		其他	—

技术类别		指标	单位
焦化污染地块风险管控技术	固化/稳定化技术（以异位固化/稳定化为例）	药剂添加方式	—
		药剂添加种类	—
		药剂添加比例	%
		土壤粒径	cm
		土壤含水率	%
		养护时间	d
		其他	—
	阻隔技术［以渗透反应墙（PRB）为例］	填充介质选择及配比：零价铁、活性炭、沸石、石灰石、离子交换树脂、铁的氧化物和氢氧化物、磷酸盐以及有机材料（城市堆肥物料、木屑）等	—
		反应墙结构：连续反应墙；漏斗-通道系统（单通道、并联多通道、串联多通道）	—
		使用期限	a
		安装位置	—
		安装深度	m
		反应墙厚度	m
		反应墙走向	—
		水力停留时间	h
		阻隔效率	%
		其他	—

3.2.3 维护管理指标

维护管理指标包括基建费用、运行过程中的资源能源和材料消耗、维护管理方便性等，应根据焦化污染地块修复技术的实际情况选取。

1）经济性指标：主要包括处理设施建设投资和运行费用两种类型。运行费用包括水资源消耗、能源消耗、材料消耗和药剂消耗等。材料消耗指真空抽提风机、废水处理设备、废气处理设备、助燃风机、燃烧器等设备的消耗；能源消耗指天然气消耗、电耗、用电负荷等。

2）维护管理性能：主要包括经常发生故障和异常的设备、故障及异常发生频率、故障排除的难易程度。

基于验证评价指标体系，为了对验证测试技术的先进性、可靠性、经济性等进行测试，确定以定量测试分析为主、定性描述为辅的测试原则和方法。各评价指标能采用国标法进行定量分析的均优先采用国家标准法，对于尚无国家标准法或目前尚不能进行定量分析的，则采用验证测试规程推荐方法进行定量或定性评价。

焦化污染地块修复技术验证测试工作采取现场验证测试结合实验室测试的方式开

展，在保证数据可靠的同时，尽量降低评价测试费用。其中，噪声样品、大气样品和废水样品可以采用现场测试的方式。但由于土壤现场快速检测设备的数据尚不能定量，且与实验室数据有较大差异，因此，土壤样品建议送至实验室进行检测分析。

3.3　验证评价测试周期

验证评价测试周期是验证评价过程中一个需要重点考虑的关键因素。验证周期的长短直接关系到是否能全面反映验证技术在各种工况条件下的各种效能，同时也影响验证测试的经济成本。验证时间过长虽然可完整地体现测试技术在各种工况条件下的效果，但会明显增加验证测试的成本，影响验证评价工作开展的经济可行性和推广性；而验证时间过短，则难以全面反映在各种不同情况下处理工艺技术的使用效果及可靠性。因此本研究针对土壤修复技术提出最长验证周期，针对风险管控技术提出最短的验证周期。由于土壤修复设备（系统）启动后需要进行调试以及试运行，调试以及试运行阶段无法真实客观地反映技术性能，因此验证周期应从正式运行开始。

测试周期的选择要反映所有技术运行工况，如启动、温度变化、负荷变化等，借鉴国内外验证技术测试周期，本研究针对不同焦化污染地块修复技术给出了推荐的测试周期值，如表 3-3 所示。具体评价工作中验证周期还可由验证机构、测试机构、专家组结合实际情况进一步确定。测试周期的确定原则如下：

1）应满足对验证技术性能的有效性和可靠性、运营维护管理的稳定性和经济性以及操作难易程度等的测试要求；

2）应反映被验证技术对环境条件的适应性，例如，低温条件对生物堆技术运行稳定性影响较大，测试周期应至少涵盖 30 d 低温期；

3）应反映被验证技术对特征污染物的去除效果；

4）应反映污染物负荷周期变化和抗冲击能力；

5）在考虑科学合理采样频率的条件下，应满足数据评价最低样本数要求。

表 3-3　常见修复（管控）技术的推荐测试周期

分类	技术类别	测试周期的推荐值	主要考虑因素
焦化污染地块土壤修复技术	热修复技术（以水泥窑协同处置技术为例）	现场测试不少于 7 d	尾气排放，修复效果评估
	热修复技术（以电加热原位热传导热脱附为例）	现场测试不少于 60 d	机械及耐高温运行稳定性，原料成分变化，负荷变化，修复周期
	化学氧化技术（以原位化学氧化技术为例）	现场测试不少于 90 d	现场设备试运行，特定地块修复药剂与用量确定，修复效果评估

分类	技术类别	测试周期的推荐值	主要考虑因素
焦化污染地块土壤修复技术	洗脱技术（以异位洗脱技术为例）	现场测试不少于 30 d	淋洗设备运行的稳定性，特定地块淋洗药剂与用量确定，修复效果评估
	抽提技术（以气相抽提技术为例）	现场测试不少于 90 d	现场设备运行稳定性，特定地块修复药剂与用量确定，修复效果评估
焦化污染地块地下水修复技术	抽出-处理技术	现场测试不少于 60 d	现场设备运行稳定性，修复效果评估
	抽出-注入技术	现场测试不少于 60 d	现场设备运行稳定性，修复效果评估
	吹脱处理技术	现场测试不少于 60 d	设备运行的稳定性，处理效果评估
焦化污染地块风险管控技术	固化/稳定化技术（以异位固化/稳定化为例）	现场测试不少于 120 d	固化/稳定化效果以及长期稳定性
	阻隔技术[以渗透反应墙（PRB）为例]	现场测试不少于 120 d	阻隔效果以及长期有效性

3.4 采样点和采样频率

根据所收集的技术资料，充分研究验证技术工艺流程、技术特点、创新点、已有数据等信息，合理设置具有代表性的采样点。采样点位的设置应符合《污染地块风险管控与土壤修复效果评估技术导则（试行）》（HJ 25.5）、《污染地块地下水修复和风险管控技术导则》（HJ 25.6）的相关规定，并尽量将采样点设置在修复薄弱区。

采样频率应能满足可真实反映验证工艺绩效的最低样本数的要求。土壤中目标污染物应至少在验证周期末期采集 1 批次样品；地下水中目标污染物应至少在验证周期中期和末期采集 2 批次样品；验证周期内产生的固体废物应至少在验证周期末期采集 1 批次，不少于 2 个样品；对于已经列入国家危险废物名录的，可不进行采样检测；验证周期内废水应满足《污水综合排放标准》（GB 8978）的要求；验证周期内废气应满足《固定污染源排气中颗粒物测定与气态污染物采样方法》（GB/T 16157）和《大气污染物综合排放标准》（GB 16297）等要求；验证周期内噪声测试应满足《工业企业厂界环境噪声排放标准》（GB 12348）的要求。

样品采集时，需对每个样品贴上标签，注明样品编号、样品类型、采样时间等信息，样品标识应具有唯一性，避免混淆和出错，并保证样品量足够用于检测分析。采样人应及时填写采样记录表。所有样品信息都需要在采样记录表中体现，采样记录表作为评价过程记录文件，需妥善保存。

样品的保存参照标准方法执行，测试机构现场工作人员采集好样品，并用专门的样品箱保存样品，根据要求保存并及时送至实验室。样品运输前应将容器的外（内）盖盖紧，装箱时应用泡沫塑料等分隔，以防破损。在运输过程中做好防震处理，避免日光照射，并要防止新的污染物进入容器或沾污瓶口。

3.5　验证评价测试方法

3.5.1　环境效果指标的测试方法

对于环境效果指标的检测应优先选择现行的国家或行业标准方法作为检测方法。样品检测实验室应具备相应检测资质，分析方法应在实验室资质认定范围内使用；优先选用《土壤环境质量　建设用地土壤污染风险管控标准（试行）》（GB 36600）、《土壤环境监测技术规范》（HJ/T 166）、《地下水质量标准》（GB/T 14848）等标准指定的检测方法；暂无标准检测方法时，可选用行业统一分析方法或等效分析方法，但须进行方法确认和验证。

3.5.2　工艺运行指标的测试方法

工艺运行指标应优先选择现行的国家或行业标准方法作为测试方法。在企业已有数据真实可信的条件下，可直接采用企业自测数据；在企业数据缺失或可疑情况下，应开展现场测试。

技术治理设施的工艺参数参照其工程技术规范的相关规定执行，无工程技术规范的应选择适当的方法，污染物浓度测定按照其对应的标准方法的相关规定执行。工艺运行指标的获取方式见表 3-4。

表 3-4　工艺运行指标的获取方式

项目分类	工艺运行项目	具体指标的获取方式
技术参数	影响半径、热效率等	技术持有者提供，技术验证方资料审核及现场查验
运行参数	温度、压力等	验证周期内实时记录温度、压力等参数，台账法

3.5.3　维护管理指标测试方法

对于操作及维护管理过程，应当记录故障发生时间、原因、排除方法，并对测试期间的故障次数、故障频率等进行统计，考察故障和异常的发生频率。记录故障发生时间、是否可以简单地排除故障及排除故障所需时间，考察故障排除的难易程度。检查并记录设备的连续稳定运转时间，考察设备稳定运转性能。检查并记录自动控制的可靠性、手动系统的可靠性等，考察控制系统的可靠性。原料及资源消耗指标可以通过设备运行参数获得，具体获取方式可参考表3-5。

表3-5 维护管理指标的获取方式

项目分类	维护管理项目	具体指标的获取方式
运行可靠性	连续稳定运行时间	记录设备的连续稳定运转时间，台账法
	故障及异常发生频率	记录故障发生时间、原因，并对测试期间的故障次数、故障频率等进行统计，台账法
药剂消耗和能源消耗	药剂、材料种类及用量	计量磅秤或加药/材料设备消耗测定，台账法
	能耗	全部测试对象的能源消耗，实际测量或计算，台账法
	水耗	计量泵或计量表，台账法
维护管理方便性	故障排除的时间	记录故障发生时间及排除故障所需时间，台账法
	日常维护保养时间	记录日常维护保养时间，台账法

3.5.4 验证评价方法

验证评价一般可采用均值、中位数、数据范围、方差等对修复效果指标、工艺运行指标、维护管理指标进行统计分析，依据统计分析结果做出科学、合理的评价。

3.5.4.1 污染物去除率

按照式（3-1）计算污染物的去除率（σ）。

$$\sigma = \frac{c_{i0} - c_i}{c_{i0}} \times 100\% \qquad (3-1)$$

式中，c_{i0}——验证场地第 i 种污染物初始浓度的平均值的数值，mg/kg（土壤）、mg/L（地下水）；

c_i——验证场地第 i 种污染物验证结束后浓度的平均值的数值，mg/kg（土壤）、mg/L（地下水）。

3.5.4.2 污染物达标率

土壤可采用逐一对比或统计分析的方法进行修复效果评价。样本数小于 8 个时，采取逐个对比法；样本数大于等于 8 个时，可以采取统计分析方法。效果评价方法可参见《污染地块风险管控与土壤修复效果评估技术导则（试行）》（HJ 25.5）。

针对地下水，技术验证时可采用趋势分析法进行持续稳定达标判断。在 95%的置信水平下，若趋势线斜率显著大于 0，说明地下水中污染物浓度呈上升趋势；若趋势线斜率显著小于 0，说明地下水中污染物浓度呈下降趋势；若趋势线斜率与 0 没有显著差异，说明地下水中污染物浓度呈现稳态。若地下水中污染物浓度呈稳态或者下降趋势，可判断地下水是否达到修复效果或修复极限。效果评价方法可参见《污染地块地下水修复和风险管控技术导则》（HJ 25.6）。

有组织废气、无组织废气、废水、噪声采用逐一对比的方法进行评价。

3.5.4.3　运行可靠性

运行可靠性指标主要根据连续稳定运行时间、维护管理难易程度、故障发生频率、排除故障的难易程度、维护管理所需要的技能水平等进行分析和判断。评价结果可分为：运行可靠稳定，基本没有发生故障的情况；运行基本可靠，发生过故障但没有影响整体运行，故障很容易被排除的情况；运行可靠性差，故障频繁或故障发生后不易排除等情况。

3.5.4.4　经济性

经济性指标主要根据建设费用、运行费用、维修费用、折旧费用进行综合评价。各类费用的评价宜采用以下方法：①建设费用：一般可采用单套设备设施的投资和单位时间修复量的比值，以单位时间内每修复一方污染土或污染水的基建投资进行评价。②运行费用：一般可采用修复单位土方量或水量所对应的水耗、能耗、药剂和材料消耗、人工成本、机械成本等之和进行评价。③维修费用：主要通过污染修复设施维修频率和单次维修费用进行评价。④折旧费用：主要通过污染修复设施的使用年限进行评价。

3.5.4.5　绿色低碳性

根据技术产生废水、废气、噪声、固体废物等二次污染情况以及二氧化碳、甲烷排放强度评价技术的环境影响。各指标评价宜采用以下方法：①废水指标：一般用修复单位土方量清洁水使用量、废水产生量、废水回用率或排放率、是否达标排放等进行评价。②废气指标：一般用修复单位土方量废气排放量、是否达标排放进行评价。③噪声指标：一般用是否达到工业企业厂界环境噪声排放标准进行评价。④固体废物指标：一般用修复单位土方量固体废物/危险废物产生量定量化评价。⑤低碳指标：一般用修复单位土方量二氧化碳、甲烷排放强度进行评价。

3.5.4.6　维护管理方便性

根据维护管理工作量、维护管理难易程度、维护管理所需要的技能水平等评价化工污染地块土壤修复技术的维护管理性能。①维护管理工作量小或操作简单，掌握技术难度较小，则可认为维护管理方便性好；②维护管理工作量大或操作复杂，掌握技术难度较大，则可认为维护管理方便性差。

第4章 土壤修复技术验证评价案例研究

为验证污染地块修复技术验证评价方法的科学性、操作性和有效性，本章选择原位热脱附-水平井-化学氧化耦合修复技术、电阻加热-多相抽提-固化降解集成修复技术、空气曝气-循环井-生物强化集成修复技术3项组合技术开展案例研究，探索了技术验证评价的工作流程、主要技术验证方法、数据获取以及检测结果分析与评价等内容。

4.1 技术验证评价基本流程

技术验证评价的工作流程主要包括资料收集、构建指标体系、现场测试以及验证评价及报告编制等环节，工作流程见图4-1。

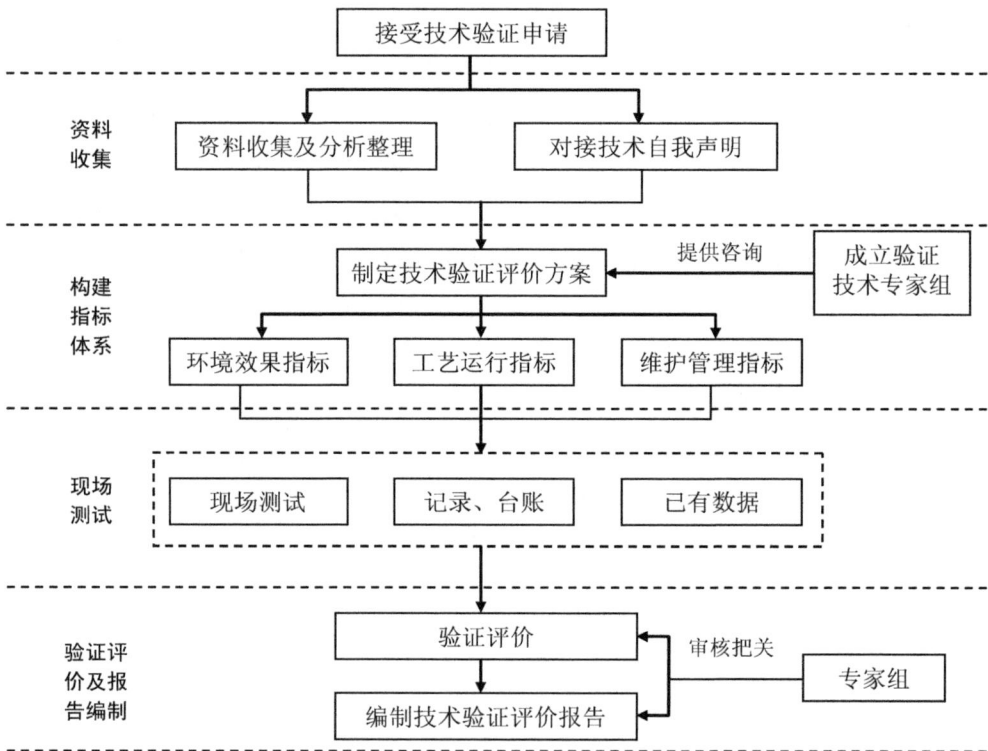

图4-1 技术验证评价工作流程

在技术验证评价启动之前，需要编制技术验证评价方案，明确技术验证评价指标。其中，验证方案、验证评价指标一般由第三方验证评价机构会同技术持有者和技术使用方，根据被验证技术的特点确定。验证评价指标一般以定量为主、定性为辅，主要包括环境效果指标、工艺运行指标、维护管理指标 3 类。

4.1.1　资料收集及现场踏勘

技术验证评价工作启动前，技术验证评价单位需要对验证技术的信息进行收集、整理和分析，并对技术持有者提供的数据资料的可靠性和有效性进行分析判断。收集到的资料主要包括技术情况、技术应用地块情况、已有数据等，主要涉及的内容见表 4-1。

表 4-1　资料收集清单

资料类别	具体内容
技术情况	技术基本情况
	工艺原理
	工艺流程图
	适用范围
	技术特点
	技术自我声明
	主要设备
	设计参数
	环境修复效果
	修复需要时间
	修复成本
	绿色低碳性（固体废物、废水、废气、噪声产生情况，二氧化碳、甲烷排放强度）
技术应用地块情况	地块概况
	地块水文地质情况
	土壤污染特征
	目标污染物修复目标/GB 36600 中一类用地筛选值
	修复设施概况
	平面布置图
	工艺运行参数
已有数据	土壤污染数据
	实际材料和药剂的消耗台账
	能耗
	水耗

技术验证评价单位需要赴技术验证现场进行实地踏勘，并调查技术应用现场的基本情况、处理规模、修复时间、现场设备实际运行情况、维护管理情况、物料及能源消耗情况等。

4.1.2 构建指标体系

在前期资料收集以及现场踏勘的基础上，为便于整个评价工作有序、科学展开，根据评价目的和技术方提供的资料，技术验证评价单位需要先编写技术验证评价方案，明确评价内容、评价方法及进度安排等，构建环境效果指标、工艺运行指标和维护管理指标三方面的指标体系，并邀请专家组进行评审把关。

4.1.3 现场采样及检测

技术验证评价单位经与技术持有者协商，委托第三方测试机构开展现场采样及监测分析，并收集技术持有者已有运行数据与相关台账资料，经审核后可作为技术验证评价的参考资料。技术持有者提供的数据应确保真实、可靠，且同时提供获得数据的运行条件、环境条件等。

4.1.4 分析与评价

根据前期调研和现场测试结果，从技术的环境效果、绿色性、运行稳定性、生产成本、资源能源消耗等方面对被验证技术进行综合分析和评价，得出评价结论。

4.1.5 编制技术验证评价报告

在上述工作的基础上，通过分析与评价，开展技术验证评价报告的编写工作。为保证评价报告科学、客观和公正，技术验证评价单位在完成技术验证评价报告初稿后，征求技术验证评价专家组和技术持有者等相关方意见，经修改完善后形成《技术验证评价报告》。

4.2 原位热脱附-水平井-化学氧化耦合修复技术验证评价

4.2.1 示范地块及被评价技术概况

4.2.1.1 示范地块污染概述

示范场地位于山西某焦化地块，污染面积约 700 m^2，最大污染深度为 3 m，调查显示，该地块土壤的主要污染物有苯并[a]芘、苯并[a]蒽、苯并[b]荧蒽、茚并[1,2,3-cd]芘、二苯并[*a,h*]蒽等，污染物浓度及超标情况见表 4-2。地块勘探范围内的地层划分为人工堆积层和第四纪沉积层两大类，并按土层的物理性质指标、渗透性指标等，进一步划分为 7 个大层及其亚层，其中，0～10.0 m 污染层为人工填土层、中粗砂（Q_4^{al+pl}）、粉土层（Q_4^{al+pl}），地下水埋深为 24.6～25.5 m。

表 4-2 示范地块土壤污染物浓度及超标情况

污染物名称	地块名称							GB 36600 中第一类用地筛选值
	312	313	314	316	317	318	319	
苯并[*a*]蒽/（mg/kg）	21.7	3.6	7.7	4.1	10.5	0.7	1.1	5.5
苯并[*a*]芘/（mg/kg）	20.5	7.4	5.6	7.6	10	0.8	1.3	0.55
茚并[1,2,3-*cd*]芘/（mg/kg）	3.6	2.4	3	6.7	10	0.9	1.3	5.5
二苯并[*a,h*]蒽/（mg/kg）	4.1	1.5	1.7	1.8	2.3	0.2	0.7	0.55
苯并[*b*]荧蒽/（mg/kg）	27.4	13.7	7.2	8.6	10.8	0.9	1.2	5.5

4.2.1.2 示范修复技术概况

针对该示范地块，计划采用原位热脱附-水平井-化学氧化耦合修复技术进行修复，该技术是将热传导加热（TCH）、土壤气相抽提（SVE）、蒸汽强化抽提（SEE）、原位化学氧化（ISCO）等修复技术进行耦合形成的修复技术体系，针对土壤污染呈水平带式分布或不可开挖地块的有机类污染物修复具有较强适用性，其中蒸汽/药剂注入井、抽提井均可采用水平井形式，相较于垂直井，其在土壤中热扩散面积更大，加热效率更高，修复成本更低。

原位热脱附-水平井-化学氧化耦合修复技术包括氧化药剂注射系统、热传导加热系统、蒸汽发生系统、水平井管网系统、尾气处理系统及尾水处理系统。热传导加热是热量通过传导的方式由热源传递到污染区域从而加热土壤和地下水的处理过程。可以通过电能直接加热的方式对加热井进行加热，也可以通过燃气等能源产生的高温热烟气或蒸汽等介质对加热井进行加热。土壤气相抽提是通过专门的地下抽提（井）系统，利用真空或注入空气产生的压力迫使非饱和区土壤中的气体发生流动，从而将其中的挥发性有机污染物和半挥发性有机污染物脱除，达到清洁土壤的目的。蒸汽强化抽提是通过将高温水蒸气注入污染区域，加热土壤、地下水，从而强化目标污染物抽提效果的处理过程。原位化学氧化是通过向土壤或地下水的污染区域注入氧化剂或还原剂，通过氧化作用，使土壤或地下水中的污染物转化为无毒或毒性相对较小的物质。

针对焦化场地包气带高浓度苯系物和多环芳烃污染，该耦合技术可根据污染类型分阶段实施，其中第一阶段工作原理是组合应用热传导加热与土壤气相抽提技术先对污染土壤进行加热（低温，40～60℃），加热可促进部分轻质多环芳烃、苯系物向气相中迁移，通过气相抽提的作用，去除土壤中大部分的苯系物及部分多环芳烃；第二阶段工作原理是耦合应用蒸汽加热、原位化学氧化，通过蒸汽加热促进吸附在土壤固体颗粒上的有机污染物解吸至液相及气相，并通过气相抽提进一步去除低沸点有机物；同时将氧化药剂（过硫酸盐）注射至污染区域并通过蒸汽加热将热量传递给过硫酸盐，热活化过硫酸盐，促进生成硫酸根自由基，提高氧化剂反应活性，进而促进污染土壤中多环芳烃、苯系物的氧化降解，最终实现对浅层多环芳烃、高浓度苯系物污染土壤的修复。原位热脱附-水平井-化学氧化耦合修复技术实现了单一技术之间的优势互补，为降低修复能耗和修复成本提供了一种可能性。该耦合技术的工艺流程如图 4-2 所示。

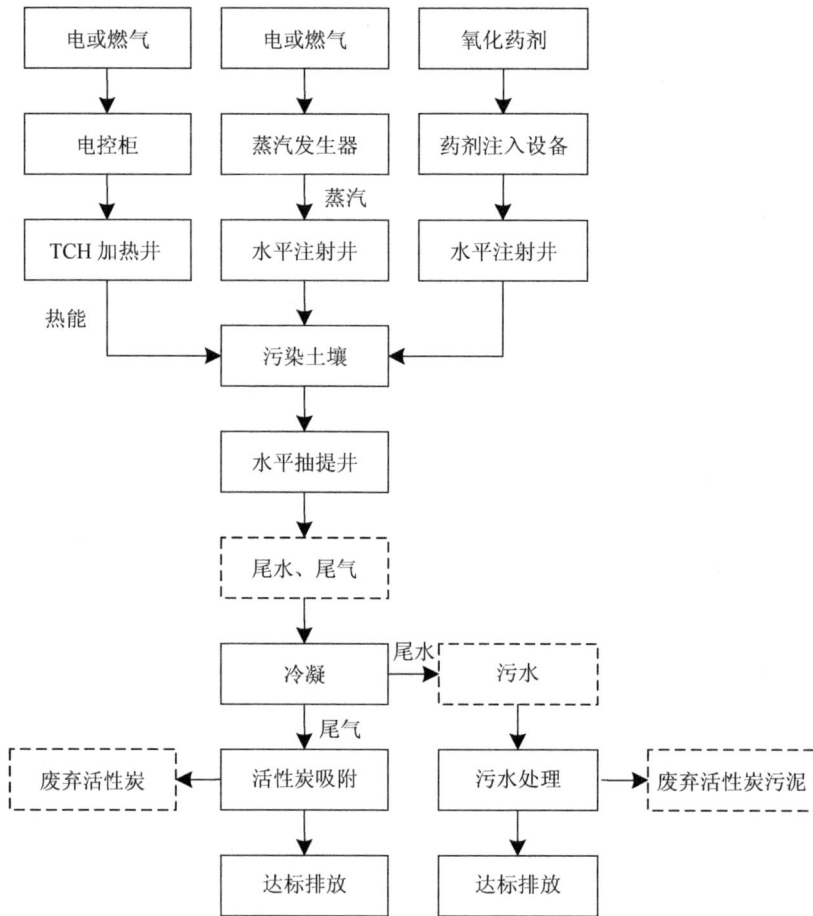

图 4-2 原位热脱附-水平井-化学氧化耦合修复新技术工艺流程

耦合修复技术中水平井管网系统布设在污染土壤区域范围，由多段耐高温、耐腐蚀的长度为 2～3 m 的预制滤料水平井管顺次连接形成，管壁上均匀分布有筛缝，其铺设方式采用非开挖式拉管施工工艺。预制滤料水平井管根据使用功能不同，可划分为注射井和抽提井，其在污染土壤中分布方式如图 4-3 所示。

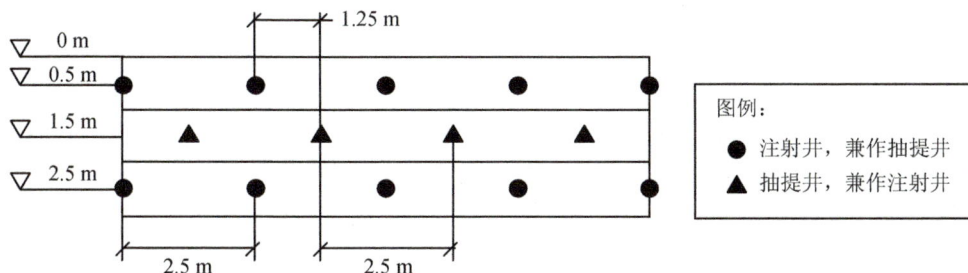

图 4-3 水平井剖面布设

在蒸汽加热阶段，蒸汽发生系统产生的高温蒸汽通过输送管道进入水平注射井管，由井管筛缝进入土壤，将土壤加热至所需温度，促进土壤中污染物的挥发；挥发出的污染物在系统末端引风机的作用下，经筛缝进入水平抽提井管，然后经管道输送至尾气处理单元处理达标后排放。

在原位化学氧化阶段，通过氧化药剂注射系统将氧化药剂输送至水平注射井管，由井管筛缝进入土壤，在热激活作用下与土壤中污染物发生反应。该氧化药剂注射系统为一体化撬装模块，由药剂搅拌系统、空压机、隔膜泵、仪表、控制系统等组成，水平井系统上安装有压力监测仪表，实时监测注射压力变化情况。

抽提系统由尾气处理系统中的引风机带动，使目标修复区域形成负压环境，将尾水、尾气通过水平井抽提井管抽出，然后进入后端尾水、尾气系统中处理达标后排放。验证现场见图 4-4、图 4-5。

图 4-4 被验证的新技术在示范场地上的安装建设现场

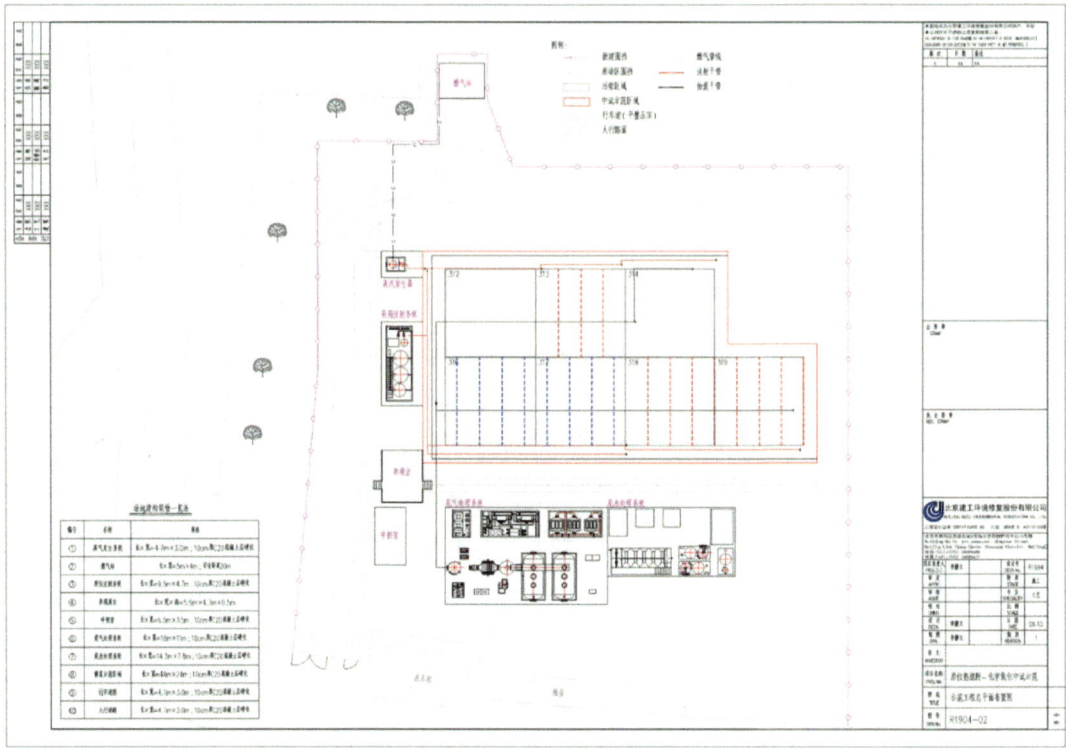

图 4-5 被验证技术应用的平面布置

4.2.1.3 示范修复技术的特点分析

单一热脱附技术对污染物去除率较高，但存在能耗大、修复成本高的问题；单一原位化学氧化技术具有处理成本低的优势，但针对土壤中高浓度多环芳烃污染存在对污染物去除不彻底、氧化药剂用量大等问题。与单一热脱附或单一原位化学氧化修复技术相比，原位热脱附-水平井-化学氧化耦合修复技术实现了单一技术之间的优势互补，为降低修复能耗和修复成本提供了一种可能性。该耦合技术存在以下创新点。

1）应用耦合修复技术，提高修复效率，降低修复成本。原位热脱附与原位化学氧化耦合联用技术，可通过原位热脱附去除大部分的苯系物 VOCs 污染以及短链石油烃污染，并通过氧化剂（过硫酸盐）集中靶向修复 PAHs 污染，减少了其他有机污染对氧化药剂的消耗。另外，高温促进了 PAHs 等污染从固相到液相的溶出，并对过硫酸钠药剂实现热激活强化，提高了药剂对污染物的氧化效率。相较单一技术可降低热脱附温度、减少能耗，土壤余热增强后续化学氧化药剂活性，在降低修复成本的同时，提高修复效率。

2）蒸汽/药剂注射、气相抽提均采用水平井形式，实现一井多用，减少材料损耗，便于管理。本耦合技术创新应用双层缠丝滤料井管作为水平井，实现蒸汽注射、药剂注射以及气相抽提。该种水平井管内外壁均由不锈钢缠丝构成，缠丝间隙形成筛缝，管内外壁之间填充滤料，施工时无须套管，施工简便、迅速。因水平井管耐高温、耐腐蚀，可根据修复需求兼作蒸汽/药剂注射井及抽提井，实现一井多用，便于集约化管理。采用水平井形式可显著增加与土壤的接触面积，提高原位热脱附修复过程中热传递效率和原位氧化修复过程中的药剂输送效率，降低布井数量，减少地表修复设施数量，减少材料损耗，降低修复成本。

3）本耦合技术采用水平井形式，针对水平方向扩散范围广或者建构筑物下方污染修复或风险管控具有一定优势。目前，修复工程中用于蒸汽注射、药剂注射及气相抽提的井形式通常为垂直井，而关于水平井的研究起步较晚，国内尚无水平井蒸汽加热等相关工程实施案例可循，本耦合技术中水平井的应用可为工程案例实施提供参考。垂直井设计、施工简便，单位延米建井及安装成本较低，针对污染垂向分布复杂的场地具有较强的适用性，但针对污染呈水平带式分布或存在地表障碍物的污染地块，垂直井的劣势开始凸显。针对水平方向扩散范围较广的污染羽，水平井形式可显著增加与土壤的接触面积，采用少量水平井便能使药剂覆盖污染羽，达到更好的修复效果；另外，针对在产企业隐患排查或者自行监测过程中、场地调查后等发现的存在于不可移动/拆除建构物（如建筑物、道路等）下方的污染修复或风险管控，水平井具有明显的技术优势。水平井与垂直井修复示意图见图 4-6。

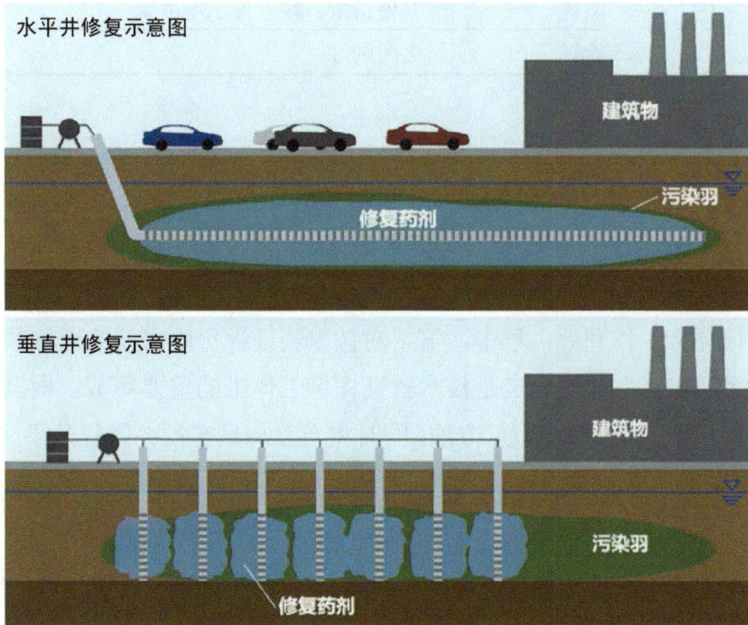

图 4-6　水平井与垂直井修复示意图

4.2.2　技术验证评价主要技术方法

根据《环境管理　环境技术验证》（GB/T 24034）、《焦化污染地块修复技术验证评价技术规范》（T/CPCIF 0197—2022）的验证评价要求，基于验证评价目标和技术特点，设置了检测指标、布点采样与分析方法。

4.2.2.1　评价指标的确定

本次技术验证效果计划从环境效果、工艺运行和维护管理 3 个方面进行评价，结合污染地块和修复技术的实际情况，确定的技术验证评价具体指标如表 4-3 所示。

表 4-3　示范地块技术验证评价具体测试参数

测试指标类别	测试对象		具体测试参数
环境效果指标	修复效果（土壤）		苯并[a]芘、苯并[a]蒽、苯并[b]荧蒽、茚并[1,2,3-cd]芘、二苯并[a,h]蒽
	绿色性	大气污染物	颗粒物、苯、二甲苯、非甲烷总烃、苯并[a]芘、臭气浓度
		水污染物	pH、悬浮物、化学需氧量、石油类、苯并[a]芘
		噪声	等效连续声级［dB（A）］
		固体废物	产生量
工艺运行指标	运行参数		温度、影响半径
维护管理指标	能耗		燃气使用量、耗水量、耗电量
	物耗		氧化药剂等

本验证技术环境效果指标计划采取现场测试的方式开展，工艺运行指标和维护管理指标计划采取台账法、现场查看等方式开展，绿色性指标主要是指修复系统运行过程中大气污染物排放、废水排放以及产生噪声等情况。

4.2.2.2　采样点位的布设

在技术验证评价工作开展过程中，需要对技术验证评价所需要的评价数据进行现场采样，由此现场采样布点方法的确定是技术验证评价工作中的重要环节。根据本评价针对的修复技术的特点，确定如下采样布点方法，同时将布点尽量布设在修复效果薄弱区（冷点）。

1）水平方向上：验证地块污染土壤的面积约 700 m^2，按照 10 m×10 m 布点，共布设 7 个点位。

2）垂直方向上：由于水平井（抽提井/加热井）埋设深度为 0.5 m、1.5 m 和 2.5 m，本验证采样深度计划设置为 0.2 m、1 m、2 m 和 3 m 处。

综合上述水平方向和垂直方向上的取样点位，共计采集土壤样品 28 个。

3）同时，为了考察本验证技术不对周边土壤造成二次污染，在地块边界外 1 m 处还布设 5 个点位，采样深度为 1 m。

　　本次技术验证评价的布点见图 4-7，绿色性指标监测布点见图 4-8。

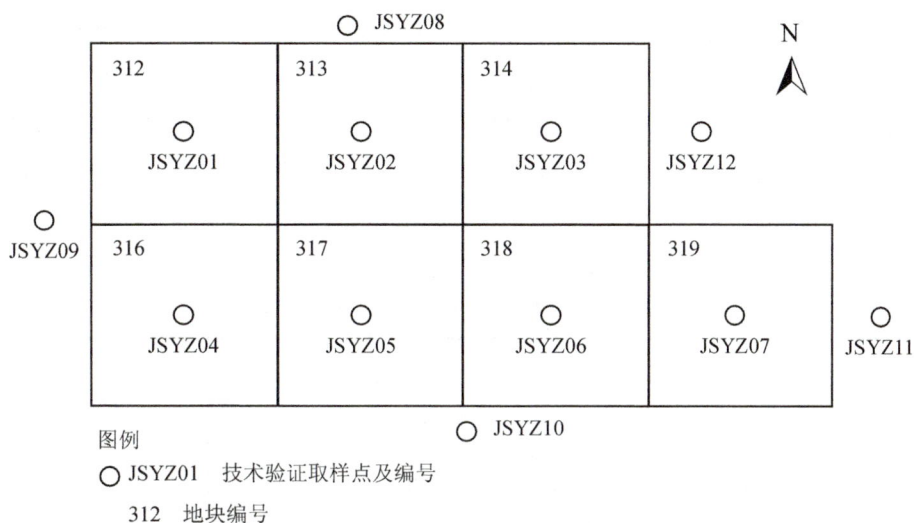

图 4-7　山西示范地块土壤修复效果布点

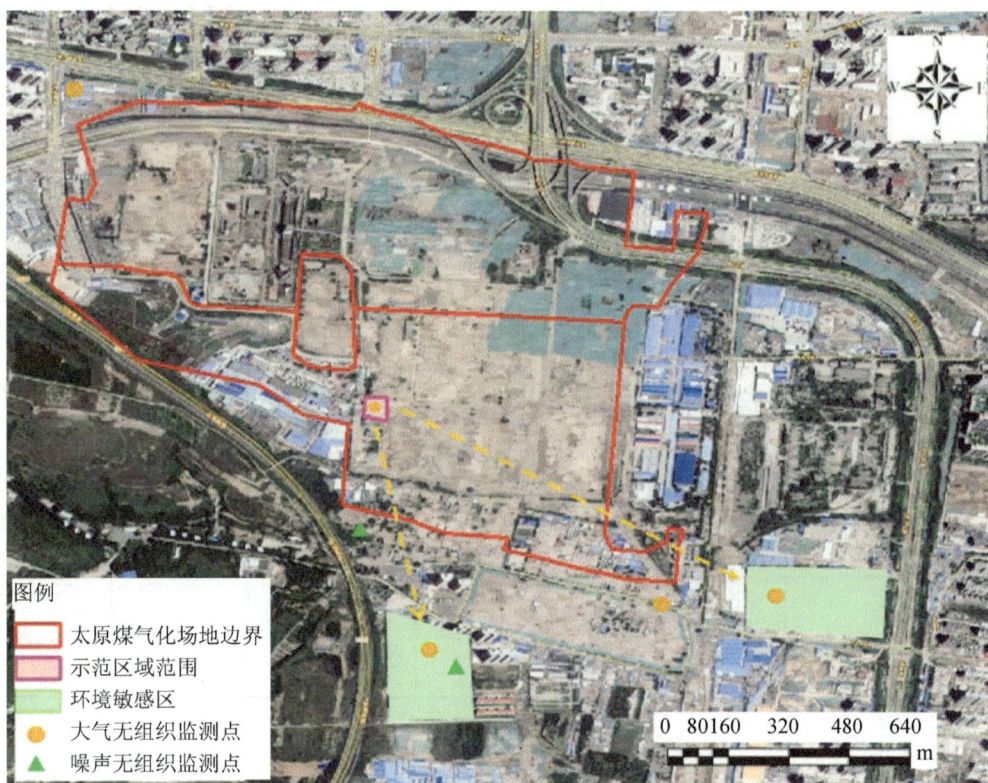

图 4-8　绿色性指标监测布点

4.2.2.3 实施的现场采样

根据原位热脱附-水平井-化学氧化耦合修复技术的特点和评价目标,在技术验证评价测试阶段,采集土壤样品、大气(有组织废气和无组织废气)样品、废水样品和噪声,并设计针对性的检测方案。在整个系统运行完成后,在平面及不同深度采集土壤样品;周边土壤样品在整个系统运行前和运行结束后分别采样检测;大气(有组织废气和无组织废气)样品、废水样品、噪声等样品在整个系统运行过程中进行采样,具体见表 4-4,现场采样照片见图 4-9。

表 4-4　技术验证评价样品采集一览表

监测分类	采样点	测试指标	样品数量	位置	监测频率	验证方式
修复效果监测	地块内土壤	苯并[a]芘、苯并[a]蒽、苯并[b]荧蒽、茚并[1,2,3-cd]芘、二苯并[a,h]蒽	28	按照 HJ 25.5 布设点位	修复结束后采样 1 次	现场检测
周边土壤环境监测	地块周边土壤	苯并[a]芘、苯并[a]蒽、苯并[b]荧蒽、茚并[1,2,3-cd]芘、二苯并[a,h]蒽	10	距离地块边界1 m 远、1 m 深处	运行前和运行结束后分别采样检测	现场检测
水环境监测	场区	pH、悬浮物、化学需氧量、石油类、苯并[a]芘	1	污水处理站出水口采样	如外排监测1 次	现场检测,并收集污水收集量记录
大气环境监测	场区及周边	VOCs(以非甲烷总烃计)、颗粒物、苯、二甲苯、苯并[a]芘、臭气浓度	5	修复区域中心、当季下风向场地边界、边界外环境敏感点、对照点	施工过程中测 1 次	现场检测
	排气筒	VOCs(以非甲烷总烃计)、颗粒物、苯、二甲苯、苯并[a]芘、臭气浓度	1	尾气处理设备排气筒	施工过程中测 1 次	现场检测
噪声环境监测	场区及周边	等效连续 A 声级	2	场地周边及噪声敏感建筑物附近	施工过程中测 1 次	现场检测
固体废物	—	—	—	—	—	记录活性炭更换量、查看转运联单

图 4-9　现场采样照片

4.2.2.4　样品分析检测方法

采用 GB 36600、HJ/T 166、GB/T 14848 等标准制定的检测方法对土壤、废气、废水、噪声等样品进行检测，具体检测方法见表 4-5。

表 4-5　技术验证评价样品检测方法一览表

样品类别	分析参数	分析方法	方法来源
土壤样品	苯	HJ 605—2011	GB 36600、HJ/T 166—2004
	苯并[a]芘	HJ 834—2017	GB 36600、HJ/T 166—2004
大气样品	VOCs（以非甲烷总烃计）	HJ 604—2017	《环境空气　总烃、甲烷和非甲烷总烃的测定　直接进样-气相色谱法》
		HJ 38—2017	《固定污染源废气　总烃、甲烷和非甲烷总烃的测定　气相色谱法》
	颗粒物	GB/T 16157—1996	《固定污染源排气中颗粒物测定与气态污染物采样方法》
		HJ 836—2017	《固定污染源废气　低浓度颗粒物的测定　重量法》

样品类别	分析参数		分析方法	方法来源
大气样品	有组织排放恶臭污染物	苯	HJ 584—2010	《环境空气 苯系物的测定 活性炭吸附/二硫化碳解吸-气相色谱法》、《空气和废气监测分析方法》（第四版）
		二甲苯	HJ 644—2013	《环境空气 挥发性有机物的测定 吸附管采样-热脱附/气相色谱-质谱法》
		苯并[a]芘	HJ/T 40—1999	《固定污染源排气中苯并[a]芘的测定 高效液相色谱法》
		臭气浓度	GB/T 14675—93	《空气质量 恶臭的测定 三点比较式臭袋法》
废水样品	pH		HJ 1147—2020	HJ 164—2020
	色度		GB/T 11903—89	HJ 164—2020
	悬浮物		GB/T 11901—89	HJ 164—2020
	BOD$_5$		HJ 505—2009	HJ 164—2020
	COD		HJ 828—2017	HJ 164—2020
	氨氮		HJ 535—2009	HJ 164—2020
	苯		HJ 639—2012	HJ 164—2020
	石油类		HJ 970—2018	HJ 164—2020
	苯并[a]芘		USEPA 8270E—2018	HJ 164—2020
噪声样品	—		GB 3096—2008	《声环境质量标准》

4.2.3 检测结果的分析与评价

4.2.3.1 环境效果综合评价

（1）土壤修复环境效果评价

根据前述采样布点方法，共计采集土壤样品 28 个，分析检测指标为苯并[a]蒽、苯并[b]荧蒽、苯并[a]芘、茚并[1,2,3-cd]芘、二苯并[a,h]蒽 5 种污染物。分析检测结果如图 4-10 所示。结果表明，土壤修复完成后，目标污染物苯并[a]芘、苯并[a]蒽、苯并[b]荧蒽、茚并[1,2,3-cd]芘、二苯并[a,h]蒽 5 种污染物浓度均达到了地块预定的修复目标值。

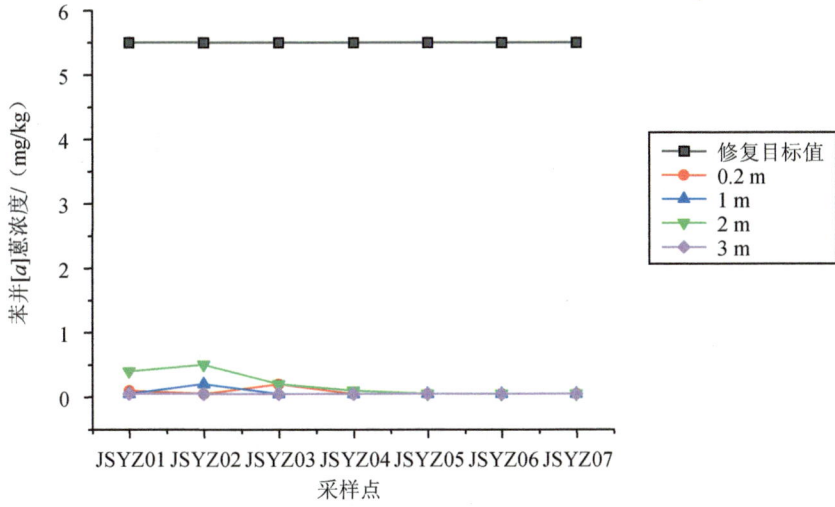

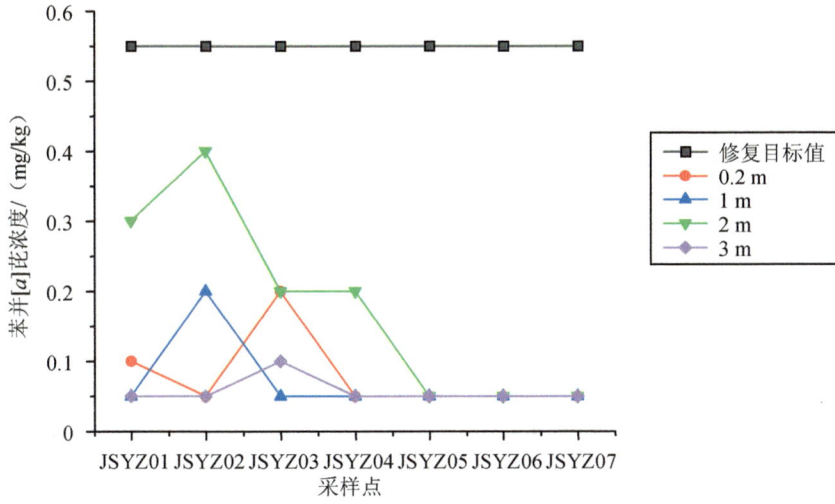

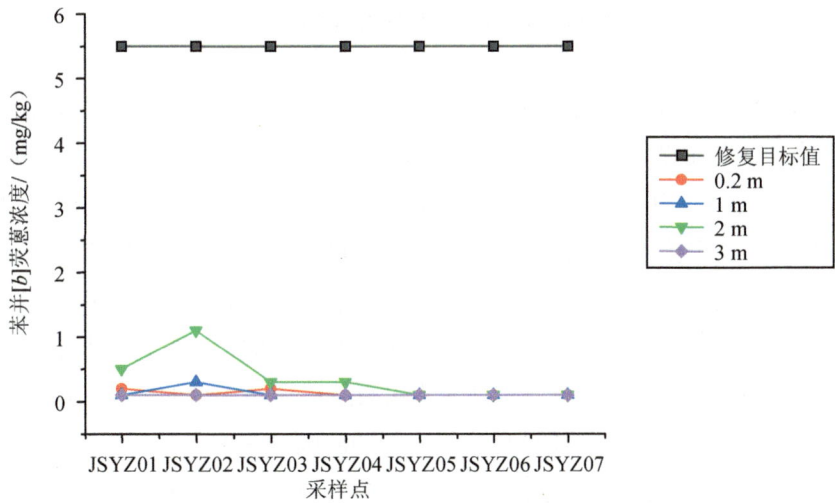

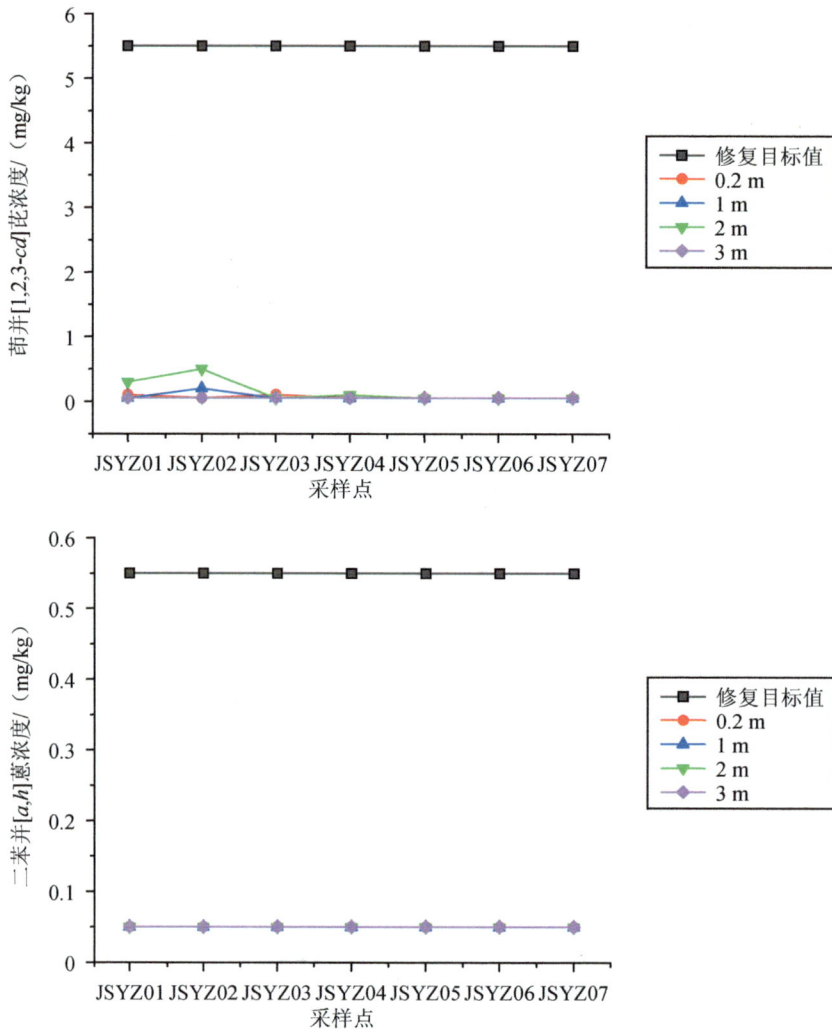

图 4-10 修复结束后不同土壤深度目标污染物的达标情况

基于 ETV 检测方案设计，为了考察本验证技术是否对周边土壤造成二次污染，在验证地块的周边 1 m 外还布设了 5 个点位，在整个系统运行前和运行结束后分别采样进行检测，共采集土壤样品 10 个。分析检测指标为苯并[a]蒽、苯并[b]荧蒽、苯并[a]芘、茚并[1,2,3-cd]芘、二苯并[a,h]蒽 5 个指标。分析检测结果如图 4-11 所示。检测结果表明，系统运行前，个别点位存在一定的污染情况，但修复结束后，目标污染物苯并[a]芘、苯并[a]蒽、苯并[b]荧蒽、茚并[1,2,3-cd]芘、二苯并[a,h]蒽均达到了一类用地的筛选值目标要求。也就是说，原位热脱附-水平井-化学氧化耦合修复技术不仅未造成周边土壤的二次污染，还对周边土壤污染具有一定的改善效果。初步分析，其可能的原因是在施工过程中，采取了边界处减少蒸汽注射、加强气相抽提与药剂注射等施工经验，使得二次污染得到了有效控制。

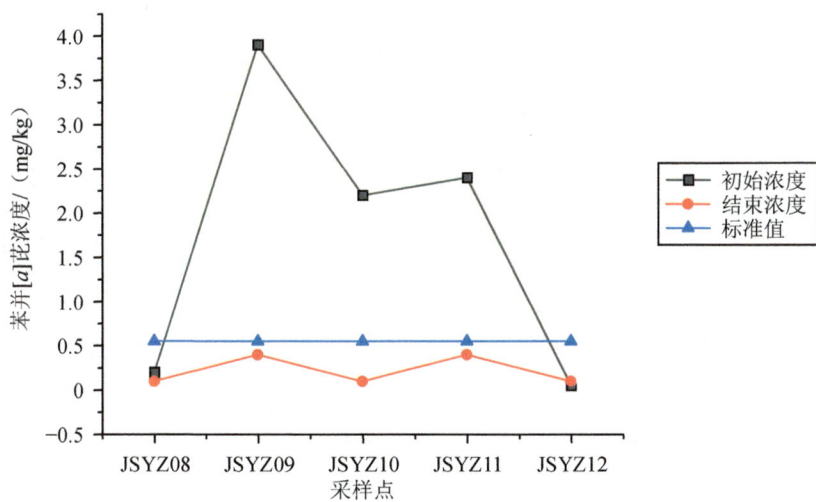

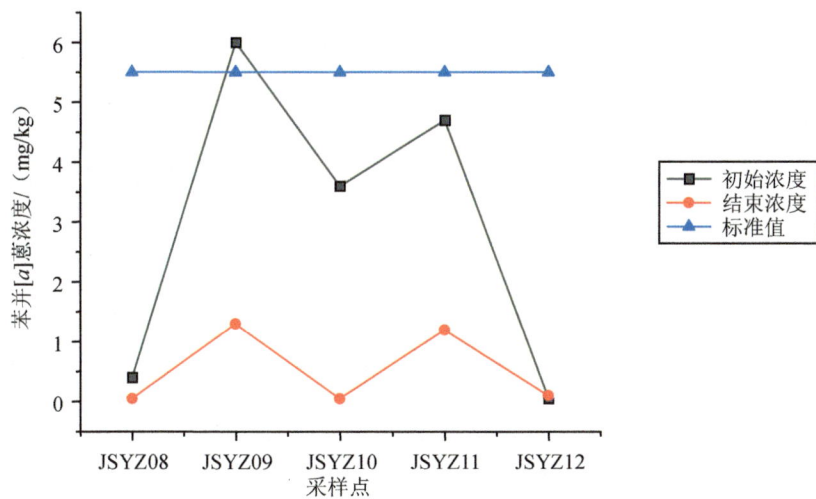

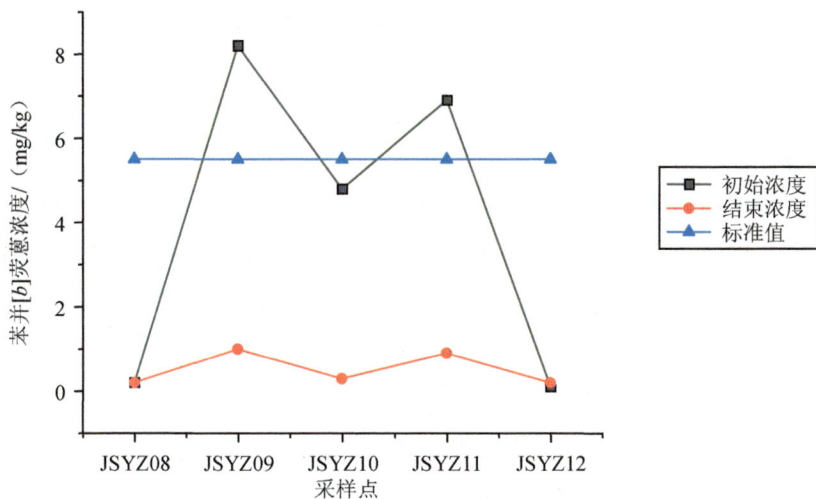

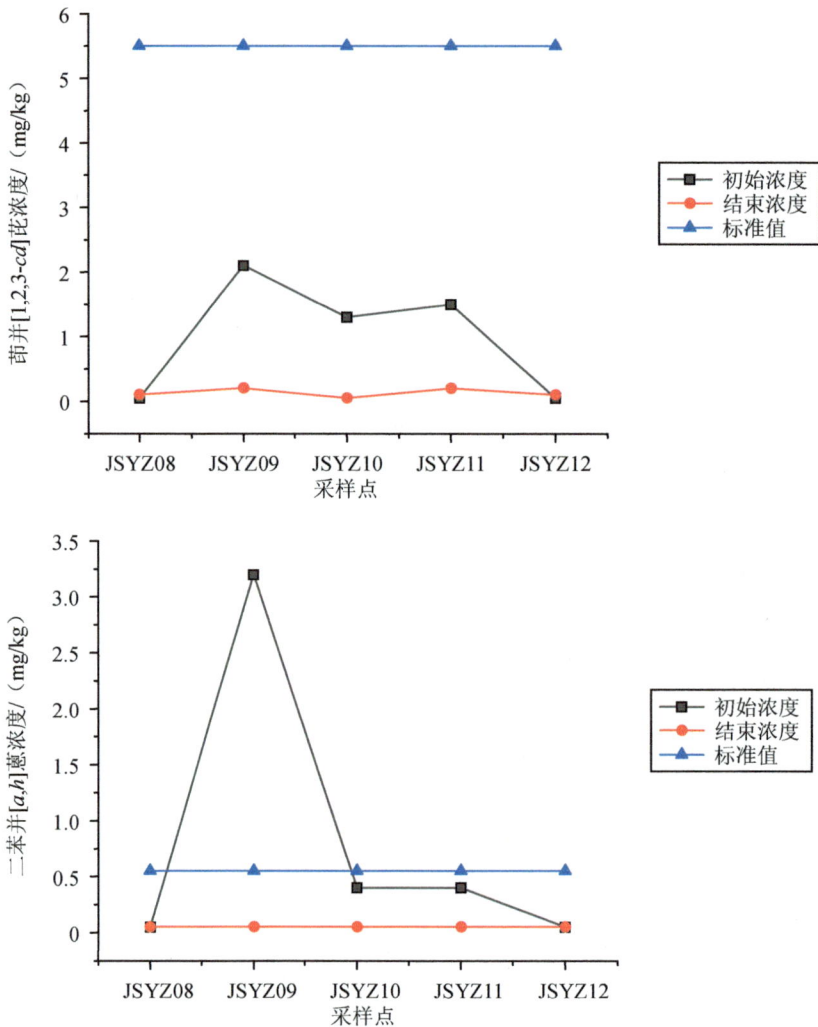

图 4-11　修复地块周边土壤目标污染物浓度变化情况

（2）绿色性效果评价

1）废气排放的评价。

针对验证技术现场废气排口的大气污染物排放情况，连续进行了 3 批次样品采集及检测，每批次分别检测 VOCs（以非甲烷总烃计）、颗粒物、苯、二甲苯、苯并[a]芘等污染物的浓度和排放速率以及臭气浓度。检测结果如表 4-6 所示。由表 4-6 可知，在原位热脱附-水平井-化学氧化耦合修复技术的应用过程中，有组织排放大气污染物中 VOCs（以非甲烷总烃计）、颗粒物、苯、二甲苯、苯并[a]芘排放质量浓度及排放速率均低于《大气污染物综合排放标准》中的相关排放限值要求，臭气浓度低于《恶臭污染物排放标准》中的相关排放限值，工艺废气均可达标排放。

表 4-6　现场废气排口监测结果

污染物类型		污染物浓度				排放限值
频次		1	2	3	4	
烟气温度/℃		25	26	25	25	
含湿量/%		3.3	3.3	3.3	3.3	
排气流速/（m/s）		18.7	18.6	18.6	18.6	
标干排气量/（m³/h）		3 937.931	3 910.266	3 916.409	3 921.535	
颗粒物	监测浓度/（mg/m³）	6.2	7.8	5.3	6.4	120
	排放速率/（kg/h）	$2.44×10^{-2}$	$3.05×10^{-2}$	$2.08×10^{-2}$	$2.51×10^{-2}$	3.5
苯	监测浓度/（mg/m³）	$1.8×10^{-3}$L	$1.8×10^{-3}$L	$1.8×10^{-3}$L	$1.8×10^{-3}$L	12
	排放速率/（kg/h）	$<7.09×10^{-6}$	$<7.04×10^{-6}$	$<7.05×10^{-6}$	$<7.06×10^{-6}$	0.5
二甲苯	监测浓度/（mg/m³）	$1.8×10^{-3}$L	$1.8×10^{-3}$L	$1.8×10^{-3}$L	$1.8×10^{-3}$L	70
	排放速率/（kg/h）	$<7.09×10^{-6}$	$<7.04×10^{-6}$	$<7.05×10^{-6}$	$<7.06×10^{-6}$	1
VOCs（非甲烷总烃）	监测浓度/（mg/m³）	1	1.02	0.87	0.96	120
	排放速率/（kg/h）	$4.16×10^{-3}$	$4.24×10^{-3}$	$3.62×10^{-3}$	$3.99×10^{-3}$	10
苯并[a]芘	监测浓度/（mg/m³）	19	12	11	14	300
	排放速率/（kg/h）	$7.90×10^{-5}$	$4.99×10^{-5}$	$4.57×10^{-5}$	$5.82×10^{-5}$	$0.050×10^{-3}$
臭气浓度（量纲一）		54	97	72	74	2 000

注：①$1.8×10^{-3}$L 中 $1.8×10^{-3}$ 表示苯的检出限，L 表示检测结果低于方法检出限，后同。

②二甲苯的组分为邻二甲苯、间二甲苯、对二甲苯，各组分的检出限为 $1.8×10^{-3}$ mg/m³，且均未检出，后同。

针对验证技术现场无组织排放废气，根据相关规定要求以及周边敏感点识别情况，在验证场地边界上风向、下风向、验证区域中心以及周边敏感点共设置了 5 个监测点位，并连续检测了 4 批次，分别检测 VOCs（以非甲烷总烃计）、颗粒物、苯并[a]芘、苯和二甲苯污染物的排放质量分数。无组织排放检测结果如表 4-7 所示。由表 4-7 可知，验证技术应用过程中厂界和周边敏感点大气污染物 VOCs（以非甲烷总烃计）、颗粒物、苯并[a]芘、苯和二甲苯无组织排放的质量浓度均低于《大气污染物综合排放标准》相关限值要求，臭气浓度低于《恶臭污染物排放标准》中的相关排放限值。

表 4-7　无组织排放废气监测结果　　　　　　　　　　　　单位：mg/m³

污染物类型	监测次数	污染物质量分数					排放限值
		1#：修复区域技术验证中心	2#：裕峰花园	3#：公园美地小区	4#：项目场地边界下风向	5#：项目场地边界上风向	
颗粒物	1	0.352	0.302	0.434	0.517	0.417	1
	2	0.386	0.352	0.384	0.55	0.451	
	3	0.336	0.319	0.35	0.534	0.434	
	4	0.369	0.336	0.401	0.533	0.4	

污染物类型	监测次数	污染物质量分数					排放限值
		1#：修复区域技术验证中心	2#：裕峰花园	3#：公园美地小区	4#：项目场地边界下风向	5#：项目场地边界上风向	
VOCs（以非甲烷总烃计）	1	0.32	0.25	0.32	0.44	0.28	4
	2	0.31	0.24	0.31	0.36	0.27	
	3	0.28	0.25	0.34	0.33	0.26	
	4	0.27	0.25	0.34	0.36	0.28	
苯并[a]芘/（ng/m³）	1	ND	ND	ND	ND	ND	8
	2	ND	ND	ND	ND	ND	
	3	ND	ND	ND	ND	ND	
	4	ND	ND	ND	ND	ND	
苯	1	$1.5×10^{-3}$L	$1.5×10^{-3}$L	$1.5×10^{-3}$L	$1.5×10^{-3}$L	$1.5×10^{-3}$L	0.4
	2	$1.5×10^{-3}$L	$1.5×10^{-3}$L	$1.5×10^{-3}$L	$1.5×10^{-3}$L	$1.5×10^{-3}$L	
	3	$1.5×10^{-3}$L	$1.5×10^{-3}$L	$1.5×10^{-3}$L	$1.5×10^{-3}$L	$1.5×10^{-3}$L	
	4	$1.5×10^{-3}$L	$1.5×10^{-3}$L	$1.5×10^{-3}$L	$1.5×10^{-3}$L	$1.5×10^{-3}$L	
二甲苯	1	$1.5×10^{-3}$L	$1.5×10^{-3}$L	$1.5×10^{-3}$L	$1.5×10^{-3}$L	$1.5×10^{-3}$L	1.2
	2	$1.5×10^{-3}$L	$1.5×10^{-3}$L	$1.5×10^{-3}$L	$1.5×10^{-3}$L	$1.5×10^{-3}$L	
	3	$1.5×10^{-3}$L	$1.5×10^{-3}$L	$1.5×10^{-3}$L	$1.5×10^{-3}$L	$1.5×10^{-3}$L	
	4	$1.5×10^{-3}$L	$1.5×10^{-3}$L	$1.5×10^{-3}$L	$1.5×10^{-3}$L	$1.5×10^{-3}$L	
臭气浓度（量纲一）	1	15	<10	<10	<10	18	20
	2	<10	<10	<10	<10	<10	
	3	<10	<10	<10	<10	<10	
	4	<10	<10	<10	<10	<10	

注：ND 表示未检出，后同。

2）废水排放的评价。

针对验证技术现场产生废水的情况，在设备排口进行了连续 3 批次样品采集及检测，其中 pH 的检测结果为 7.1～7.2，满足 6～9 的限值要求。废水中污染物检测指标包括化学需氧量、石油类、悬浮物和苯并[a]芘，具体检测结果见表 4-8。废水污染物检测结果表明，在原位热脱附-水平井-化学氧化耦合修复技术应用过程中，废水中污染物排放质量浓度满足《污水综合排放标准》中三级标准的相关要求。对设备废水排放口进行废水排放量检测，结果显示每批次处理产生废水量约 5 m³。

表 4-8　废水监测结果

污染物类型	污染物浓度			排放限值
	第 1 次	第 2 次	第 3 次	
pH（量纲一）	7.1	7.2	7.1	6～9
悬浮物/（mg/L）	8	6	7	400

污染物类型	污染物浓度			排放限值
	第 1 次	第 2 次	第 3 次	
化学需氧量/（mg/L）	26	32	28	500
石油类/（mg/L）	0.21	0.2	0.2	20
苯并[a]芘/（μg/L）	0.004L	0.004L	0.004L	0.03

3）噪声排放的评价。

针对示范场地现场情况，在示范场地南侧边界处和周边敏感点处进行噪声检测。检测结果如表 4-9 所示。由表可知，在原位热脱附-水平井-化学氧化耦合修复技术应用过程中，验证场地南侧边界处及周边敏感点裕峰花园处噪声检测结果均低于《工业企业厂界环境噪声排放标准》中 4 类功能区昼间噪声限值 70 dB（A）和夜间噪声限值 55 dB（A）。

表 4-9　噪声监测结果　　　　　　　　　　单位：dB（A）

监测点位	昼间		夜间	
	实测值	排放限值	实测值	排放限值
1#：场地南侧边界	57.0	70	53.3	55
2#：裕峰花园	52.6	70	43.7	55

注：监测时昼间风速：1.4 m/s，风向 30°；夜间风速：1.0 m/s，风向 60°；天气状况：多云。检测时间：2021 年 9 月 26 日。

4）固体废物污染产生与控制。

原位热脱附-水平井-化学氧化耦合修复技术修复过程中产生的固体废物主要为废活性炭，共产生废活性炭约 3.5 t（未吸附饱和）。

4.2.3.2　工艺运行结果评价

该耦合技术可根据污染类型分阶段实施。其中，第一阶段组合应用热传导加热与土壤气相抽提技术，实现土壤中挥发性有机污染物的去除；第二阶段组合应用蒸汽加热与原位化学氧化，在土壤快速、均质升温后，实现高效热激活化学氧化。根据实际运行参数记录，并结合验证地块污染状况，该耦合技术在此地块的应用主要集中于第二阶段，即组合应用 SEE 和 ISCO，在土壤快速、均质升温后，实现高效热激活化学氧化。

根据实际运行记录参数，在原位蒸汽加热强化抽提阶段，通过蒸汽发生器产生高温蒸汽，经水平注入井注入土壤中，当蒸汽注入运行 20 h 后，周边土体升温至 50～80℃，蒸汽扩散影响半径达到 1.8 m；停止蒸汽注入 3～5 d 后，土壤温度稳定在 40～50℃，为后续氧化药剂的热激活氧化提供了有力保障。然后，通过原位注入系统向土壤中注入过硫酸钠溶液，设计药剂投加比为 1%～2%，注射完毕后养护两周，随后，对土壤中目标污染物进行检测分析，结果显示土壤中污染物浓度均达到地块修复目标值。

4.2.3.3　维护管理结果评价

（1）处理规模

本验证评价案例所采用的原位热脱附-水平井-化学氧化修复系统，单批次可处理 2 100 m³ 污染土壤，单批次处理周期为 3 个月。

（2）资源能源消耗

原位热脱附-水平井-化学氧化修复系统运行过程中需消耗水、电、燃气、氧化药剂等资源或能源，因此，对其资源能源消耗量进行核算。经核算，该技术处理 1 m³ 污染土壤的耗水量为 0.25 t，耗电量为 19 kW·h，耗气量为 9.4 m³，过硫酸钠氧化药剂消耗量为 18 kg，处理 1 m³ 污染土壤的资源能源消耗成本约为 270 元。以上核算结果表明，该耦合技术具有资源能源消耗较少、处理成本较低的特点。

4.2.3.4　技术验证评价主要结论

在前面工作的基础上，通过分析与评价，针对焦化污染地块采取的原位热脱附-水平井-化学氧化耦合修复技术进行了科学、客观、公正的评价。通过本案例研究，表明本书研究建立的焦化污染地块修复技术验证评价方法体系是合理、可行的，具有较好的针对性和可操作性。

本次技术验证评价结果表明，该技术针对焦化污染地块出现的代表性土壤污染物，包括苯并[a]芘、苯并[a]蒽、苯并[b]荧蒽、茚并[1,2,3-cd]芘、二苯并[a,h]蒽等 PAHs 的修复效果均能达到预定的土壤修复目标值。修复过程中产生的废气、废水、噪声等污染物排放浓度均低于相应的污染物排放标准的排放限值，不会对周边环境产生新的二次污染，体现出该示范技术的绿色性。同时经核算，采用原位热脱附-水平井-化学氧化耦合修复技术，每处理 1 m³ 污染土壤约产生 2.5 kg 废活性炭（未吸附饱和），处理 1 m³ 污染土壤需要的耗水量为 0.25 t，耗电量为 19 kW·h，耗气量为 9.4 m³，氧化药剂消耗量为 18 kg，经过折算计算后处理 1 m³ 污染土壤的资源能源消耗成本约为 270 元，资源能源消耗较少，修复成本较低。

综上所述，原位热脱附-水平井-化学氧化耦合修复技术是一种切实有效的焦化污染地块修复组合技术，可应用于京津冀地区焦化污染地块，尤其针对水平方向扩散范围广或者建构筑物下方污染修复或风险管控具有一定优势，为我国京津冀地区焦化污染地块的修复或者风险管控提供一定的技术储备。本次技术验证评价将有效助力该技术的推广应用。

4.3　电阻加热-多相抽提-固化降解集成修复技术验证评价

4.3.1　验证技术介绍

4.3.1.1　技术适用性

随着我国城市化进程中"退二进三"和"产业转移"政策落实步伐的加快，重污染行业大批关闭和搬迁，城市及周边出现大量遗留污染地块。焦化企业遗留场地是京津冀及周边地区典型的污染场地类型，也是污染范围最大、最严重的类型之一，已严重危及公众健康和生态安全，同时也严重制约了国家针对京津冀协同发展相关政策的有效落实。

目前，焦化类场地污染土壤普遍采用异位热脱附、常温解吸等技术处理，技术应用较为单一，成本高；同时由于采用异位处理技术，现场土壤开挖导致的 VOCs 等无组织排放难以有效控制，二次污染风险高，异味扰民频发，迫切需要绿色、高效、低耗的污染场地修复技术。

研发基于单项技术的多技术集成的修复策略在焦化场地修复中应用潜力巨大：①可针对复杂的场地，集成不同场地类型的高效修复体系，实现污染物快速去除；②可根据不同污染物种类和浓度选择最佳修复技术体系，提高对污染物的去除效率，同时，差别化的修复策略有利于降低成本；③可结合不同修复技术体系，解决污染物残留和二次污染等"瓶颈"问题。因此，针对低、中、高不同浓度/风险等级的焦化场地或其内部区域，根据焦化类污染场地的污染特征和京津冀及周边地区的水文地质特点，通过技术集成，研发不同的集成修复技术与装备，建立基于风险的可持续修复技术体系，对实现绿色、高效、低耗修复具有重要意义。

本方案在分析京津冀及周边焦化场地的污染特征、水文地质条件等共性特征的基础上，提出"电阻加热-多相抽提-固化降解"技术集成和"分层次、分阶段、水土共治"的修复策略，并开展示范工程验证，最终为京津冀及周边焦化场地高浓度苯系物污染土壤和地下水以及低浓度 PAHs 污染土壤的绿色、高效、低耗修复提供可参考技术方案和示范工程样板。

4.3.1.2　技术原理

土壤气相抽提是在污染土壤中建设气相抽提井，通过抽提风机或真空泵等在土壤中形成压力梯度，利用土壤中的压力梯度促使挥发性有机物及降解产物流向抽提井，抽提至地面统一进行净化处理，达到污染物快速去除的目的。

根据京津冀地区的水文地质特点和中浓度/风险区域的污染物特征，针对以中高浓度苯系物污染的土壤和地下水进行水土共治。针对污染物易聚集、难处理的黏土夹层和毛细管带，采用电阻加热（ERH）定深精准加热技术，通过加热促进污染物的挥发和溶解，以提高气相抽提/多相抽提（SVE/MPE）的效率；针对浅层局部存在多环芳烃污染的土壤，采用微生物降解技术，并利用 ERH 提供的低温均匀热场，提高微生物代谢速率，并通过多功能电极注入营养液调节土壤含水率、养分以及微生物功能菌剂，实现 ERH 与微生物降解的集成，促进微生物对多环芳烃的高效降解。对于 MPE 抽提影响范围以外的苯污染地下水，通过 ERH 加热构建一个地下水"热强化修复反应带"，使得该区域及下游热水影响区范围内的苯降解微生物活性和数量增加，加速苯微生物降解（图 4-12）。

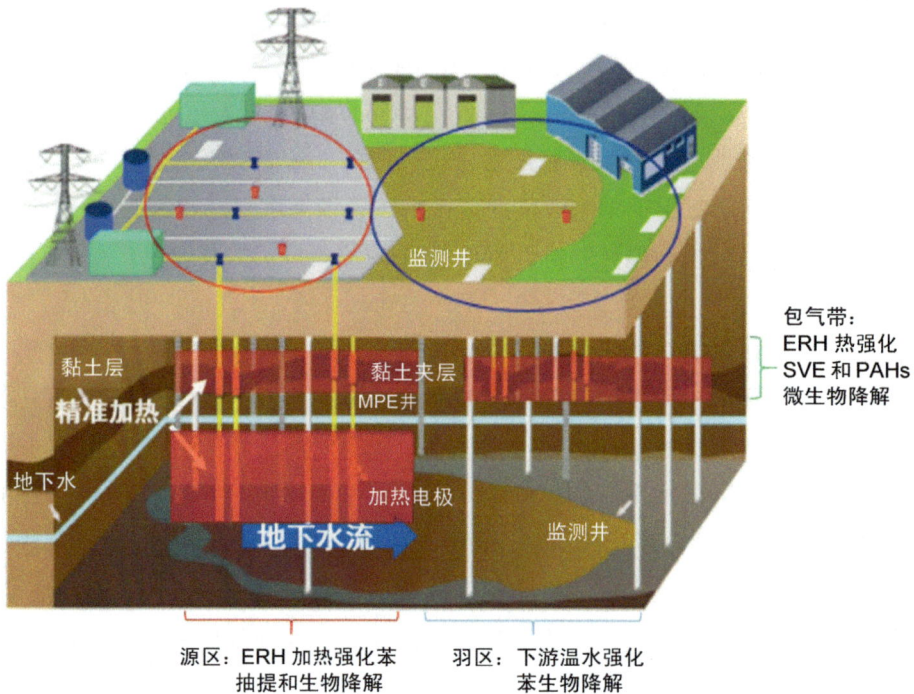

图 4-12 电阻加热-多相抽提-固化降解集成修复技术原理

4.3.1.3 技术创新分析

1）"一井多极"设计，可实现对污染物集中区域进行精准加热，实现定点清除，特别适合京津冀区域存在黏土夹层或地下水毛细管带区域的修复治理，本示范工程独特设计理论可降低能耗 72.7%。

2）通过低温加热土壤和地下水，提高 MPE 去除效率和微生物的代谢速率；同时实现较低温（30～40℃）条件下对低浓度 PAHs 污染土壤的修复治理，与单一原位热脱附相比修复成本降低约 50%。

3）通过构建"热强化修复反应带"有效提升下游热水影响区的面积，大幅降低建设和材料成本，下游影响区的地下水水温达到 30～35℃，提高水中微生物的活性，加速修复区下游污染羽的监测自然衰减，降低对下游水源地污染风险。

4.3.2　验证地块介绍

4.3.2.1　验证地块范围

本技术验证测试场所选择唐山滦宏焦化厂场地，在项目组组织下，与河北省生态环境研究院、中科鼎实环境工程有限公司等进行了多次沟通，对场地情况、污染数据进行了充分分析，先后选定示范验证地块（图 4-13）。示范地块位于唐山滦宏焦化厂场区内，示范区面积约 1 000 m²，目前该场地为闲置场地，周边为物流园。

图 4-13　示范验证场所

4.3.2.2　地块水文地质条件

场地内地层为第四纪冲积层，按岩性特征、埋藏分布和工程特性指标等情况大致分为以下主要工程地质层，各层岩性、物理力学性质详细情况分述如表 4-10 所示。

表 4-10　工程地质情况

钻孔编号	I-20	钻孔深度	43 m	钻孔直径	300 mm
坐标（m）　X=16.51　　Y=25.02					
地层编号	层底深度/m	分层厚度/m	柱状图	岩土名称及其特征	
①	2.20	2.20		杂填土：由建筑垃圾、灰渣及碎石等组成，呈灰褐色，潮，松散	

钻孔编号	I-20	钻孔深度	43 m	钻孔直径	300 mm
坐标（m）*X*=16.51　　*Y*=25.02					

地层编号	层底深度/m	分层厚度/m	柱状图	岩土名称及其特征
②	9.50	7.30		细砂：呈黄色/暗黄色，潮，松散，土质不均，含石英长石等
③	11.50	2.0		粉质黏土：黄褐色，可塑，湿，土质较均，含铁氧化物、云母等
④	26.80	15.30		细砂：呈黄色/暗黄色，潮，松散，土质不均，含石英长石等
⑤	28.50	1.70		粉质黏土：黄褐色，可塑，湿，土质较均，含铁氧化物、云母等
⑥	30.6	2.10		细砂：呈黄色/暗黄色，潮，松散，土质不均，含石英长石等
⑦	31.60	1.0		粉质黏土：黄褐色，可塑，湿，土质较均，含铁氧化物、云母等
⑧	38.0	6.40		细砂：呈黄色/暗黄色，潮，松散，土质不均，含石英长石等
⑨	43.5	5.50		粉质黏土：黄褐色，可塑，湿，土质较均，含铁氧化物、云母等
⑩	45	1.5		细砂：呈黄色/暗黄色，潮，松散，土质不均，含石英长石等
⑪	超过45	—		卵砾石：呈灰白色，以石英岩为主，磨圆度较差，呈次圆状、次棱角状等，直径20～40 mm

厂区地层 31 m 深度范围内为杂填、细砂（含粉质黏土夹层），渗透系数在 $1.11×10^{-4}$ ～ $6.56×10^{-4}$ cm/s，均值为 $3.64×10^{-4}$ cm/s，渗透性较好。

场地区域下浅层含水层为第四系含水层，地下水监测井资料显示，含水层埋藏于地下 30 m 左右，岩性主要为细砂、中砂，呈现单层含水层结构，含水层厚度大于 10 m。根据地下水监测井抽水试验结果可知，场区范围内浅层第四系含水组渗透系数在 13.37～23.11 m/d，平均值为 16.61 m/d。

根据场地相关资料可知，场地内地下水水位埋深在 32～33 m，浅层地下水流向为自北向南流动，地下水水力坡度为 3‰，该地区浅层地下水流向与区域的地下水流向是一致的。地下水流场如图 4-14 所示。

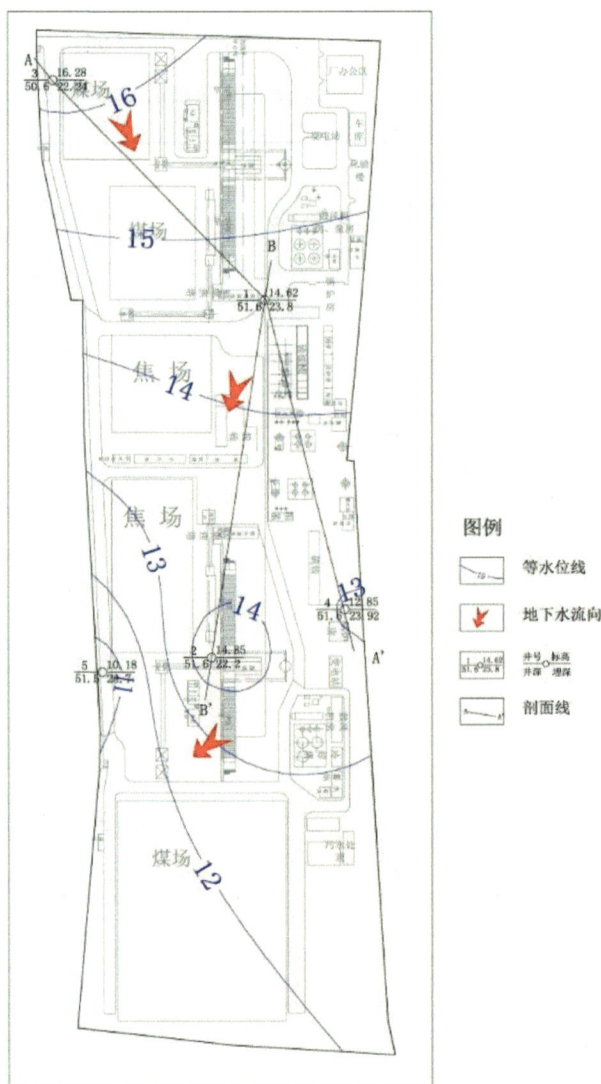

图 4-14　地下水流场

4.3.2.3　土壤污染特征及污染物浓度

（1）土壤污染情况

根据土壤详细调查结果，选择《土壤环境质量　建设用地土壤污染风险管控标准（试行）》（GB 36600—2018）第二类用地筛选值对土壤中污染物进行筛选与统计分析，苯系物和 PAHs 超标的因子如表 4-11 所示。

表 4-11　污染物含量统计分析

污染物	标准值/（mg/kg）	样本数/个	最小值/（mg/kg）	最大值/（mg/kg）	平均值/（mg/kg）	超标率/%	最大超标倍数
苯	4	58	0.042	102	15.9	88.9	25.5
苯并[b]荧蒽	15	58	0.5	19.6	3.34	11.1	1.3
苯并[a]芘	1.5	58	0.1	13.4	2.83	55.6	8.9
二苯并[a,h]蒽	1.5	58	0.1	2.0	0.54	11.1	1.3

示范区内土壤中的超标污染物为苯和 PAHs（图 4-15、图 4-16）。苯超标范围主要集中在地下 0~11 m，主要位于黏土夹层上方区域；黏土夹层下方区域未污染，说明黏土夹层对污染物起到了阻隔作用，对下层土壤起到了较好的保护作用。多环芳烃超标范围主要集中在地下 0~2 m 和 4~6 m 区域，深度相对较浅。

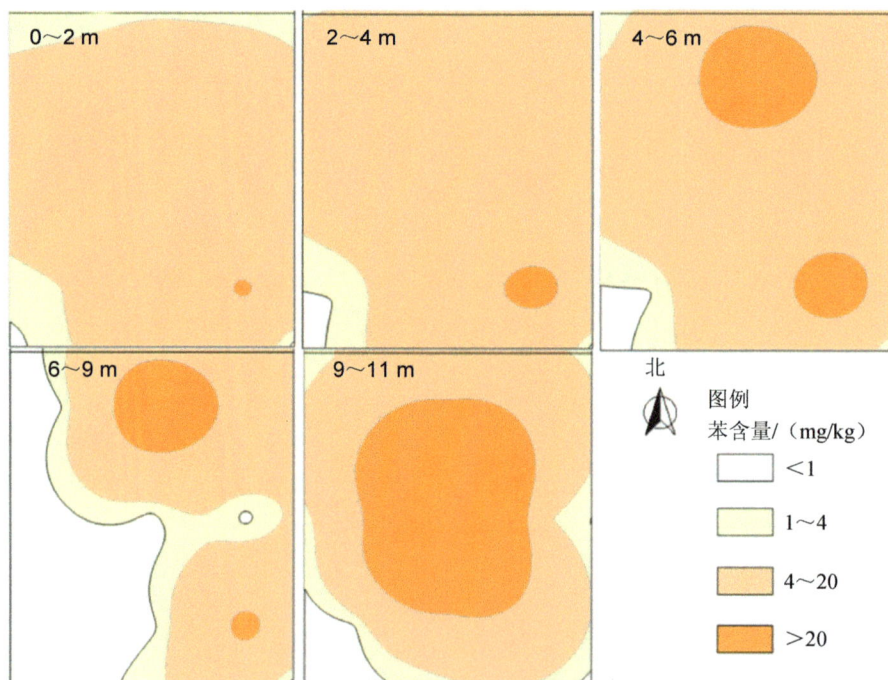

图 4-15　不同深度土壤苯污染区域分布范围

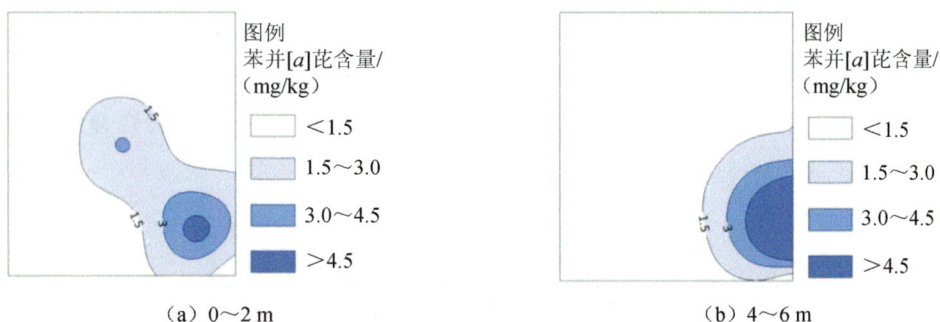

（a）0～2 m　　　　　　　　　　　　　（b）4～6 m

图 4-16　不同深度土壤中 PAHs 污染区域分布范围

（2）地下水污染情况

示范区内地下水评价标准采用《地下水质量标准》（GB/T 14848—2017）中的Ⅲ类标准，而对于该质量标准中缺少的水质指标限值，参照的是《生活饮用水卫生标准》（GB 5749—2022）。

检测了 6 口监测井中的苯系物和 PAHs，其中所有检测点位的苯均超标（表 4-12、图 4-17），PAHs 中的萘少量检出，但未超标，其余 PAHs 未检出。

表 4-12　地下水超标污染物含量统计分析

污染物	标准值[①]/（μg/L）	样本数/个	最小值/（μg/L）	最大值/（μg/L）	平均值/（μg/L）	超标率/%	最大超标倍数
苯	10	6	77.4	1 370	725.8	100	137

注：①《地下水质量标准》（GB 14848—2017）Ⅲ类标准。

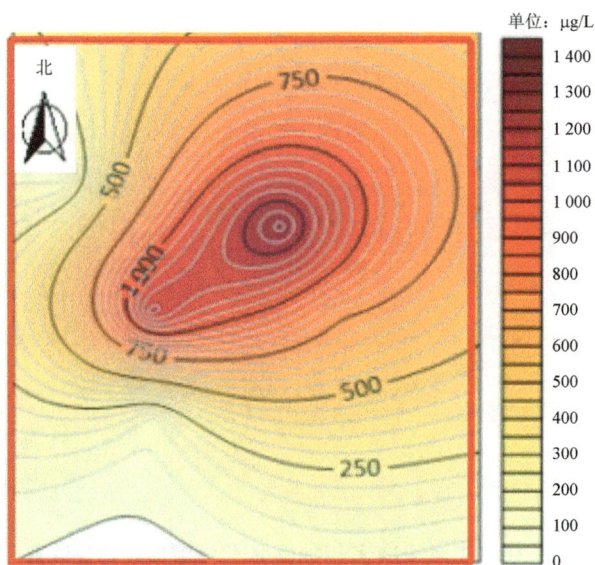

图 4-17　地下水中苯污染区域分布范围

（3）目标污染物修复目标

根据《土壤环境质量　建设用地土壤污染风险管控标准（试行）》（GB 36600—2018）第二类用地筛选值，最终确定滦宏焦化示范区土壤中目标污染物的修复目标值，见表 4-13。

表 4-13　土壤中目标污染物修复目标值　　　　　　　　　　　单位：mg/kg

目标污染物	修复目标值
苯	4

根据该场地地下水用途，示范区地下水中目标污染物的修复目标值采用《地下水质量标准》（GB/T 14848—2017）中的Ⅲ类水质标准值，即主要适用于集中式生活饮用水水源及工农业用水，确定的地下水中苯的修复目标值如表 4-14 所示。

表 4-14　地下水中目标污染物修复目标值　　　　　　　　　　单位：µg/L

目标污染物	修复目标值
苯	10

（4）设施概况

根据要求，将研发一套电阻加热-多相抽提-固化降解集成修复装备，以及配套的多相抽提井、监测井等。具体设施如图 4-18 所示。

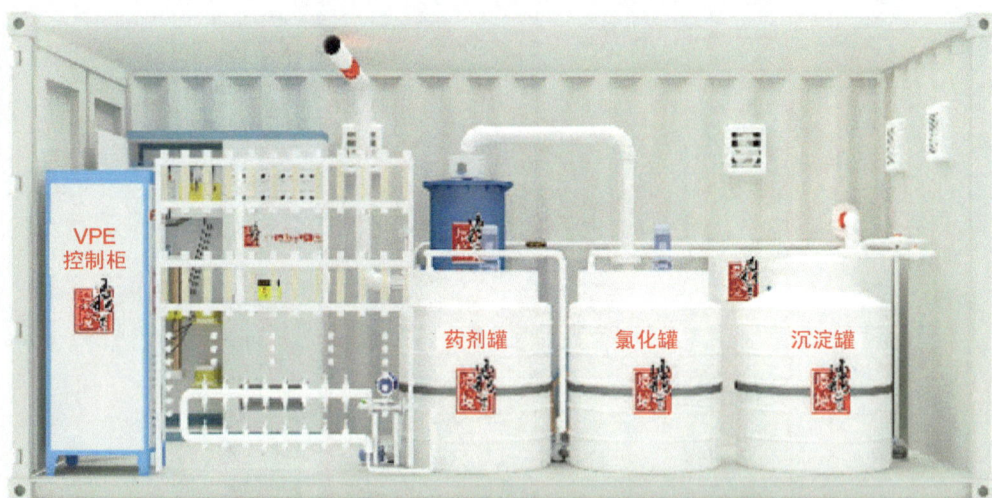

图 4-18　电阻加热-多相抽提-固化降解集成修复装备

（5）平面布置图

总体平面布置图及功能井布置、井结构图如图 4-19～图 4-21 所示。

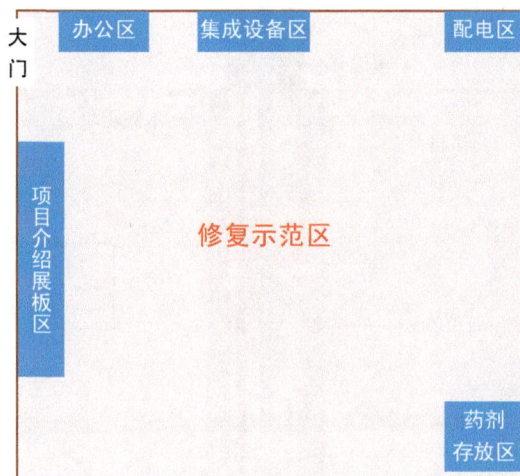

图 4-19　总体平面布置

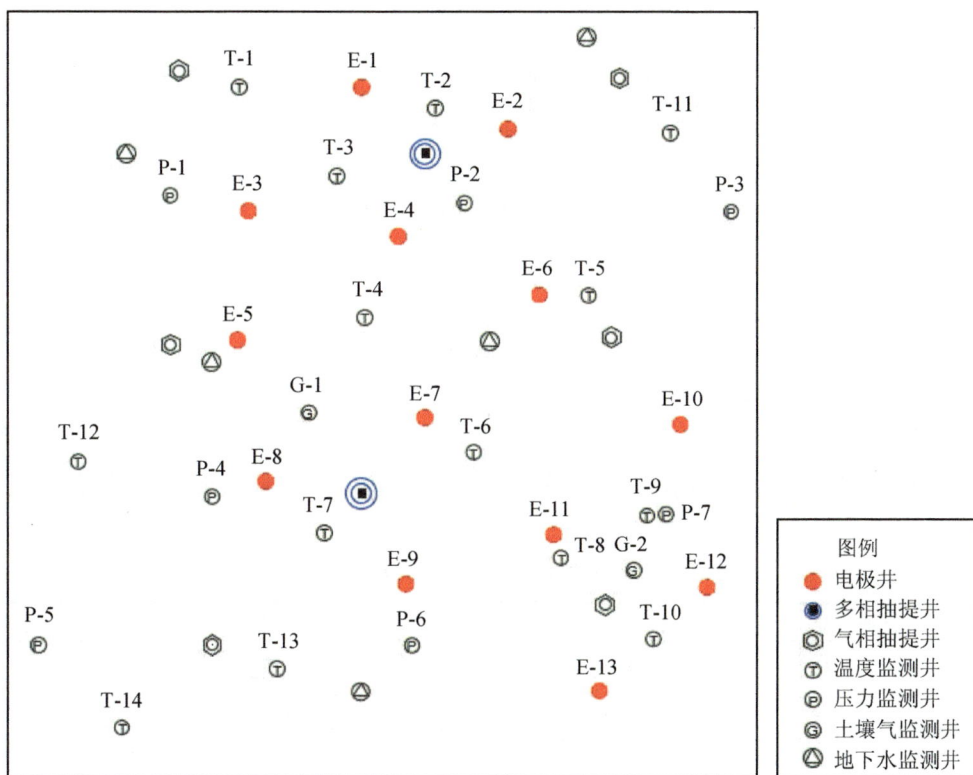

图 4-20　井位布置剖面图

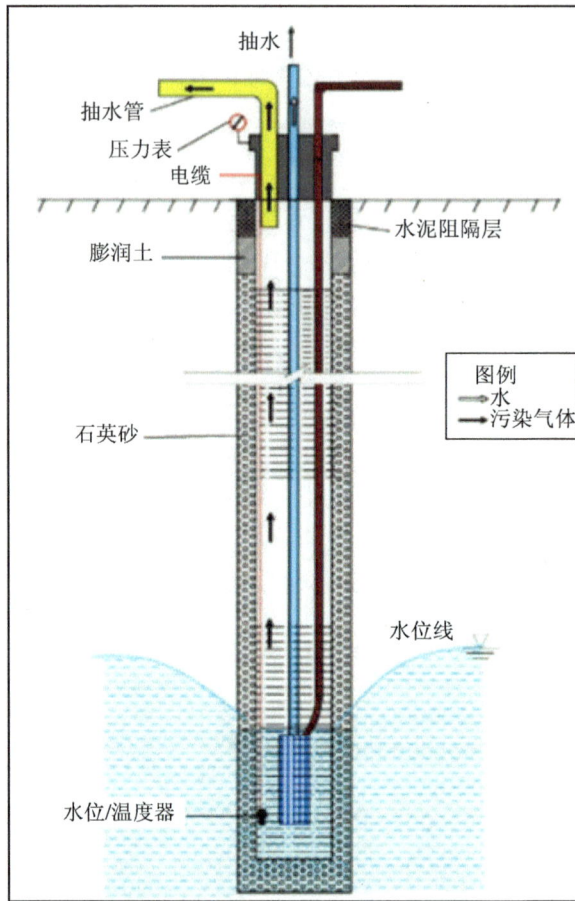

图 4-21　多相抽提井结构示意图

4.3.3　技术验证评价主要技术方法

4.3.3.1　评价指标的确定

本次技术验证效果计划从环境效果、工艺运行和维护管理 3 个方面进行评价，结合污染地块和修复技术的实际情况，确定的技术验证评价具体指标如表 4-15 所示。

表 4-15　示范地块技术验证评价具体测试参数

测试指标类别	测试对象		具体测试参数
环境效果	修复效果（土壤和地下水）		苯、多环芳烃
	绿色性	大气污染物	颗粒物、苯、二甲苯、非甲烷总烃
		水污染物	pH、悬浮物、化学需氧量、石油类
		噪声	等效连续声级［dB（A）］
		固体废物	产生量

测试指标类别	测试对象	具体测试参数
工艺运行	技术参数	抽提压力 0～40 kPa 尾气处理能力＞500 m³/h 加热功率 0～5 kW，温度 100℃ 污水处理能力 3 m³/h
	运行参数	流量、压力
维护管理	能耗	电力使用量
	物耗	材料、药剂等

本验证技术环境效果指标计划采取现场测试的方式开展，工艺运行指标和维护管理指标计划采取台账法、现场察看等方式开展，绿色性指标主要是指修复系统运行过程中大气污染物排放、废水排放以及产生噪声等情况。

4.3.3.2　采样点位的布设

（1）修复效果布点方案

验证地块面积 1 000 m²。场地平整完成后，用钻机对平面及不同深度各土壤点位进行采样，得到验证地块的初始污染浓度；整个系统运行完成后，采用钻机对平面及不同深度各土壤点位进行采样；对于地下水监测，采用现有的监测井进行采样，考察污染物是否达到修复目标。

1）土壤布点方案。

按照随机布点法，共布 9 个点，编号为 B1、B2……B9（图 4-22）；采样深度分别为-2 m、-4 m、-6 m、-7.5 m、-9 m、-10 m、-11 m，共采集 58 个样品。

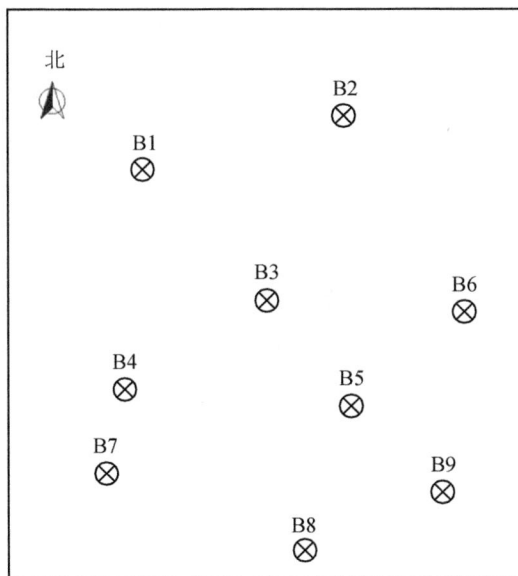

图 4-22　唐山滦宏示范场地技术验证土壤布点

2）地下水布点方案。

采用现有监测井进行取样，共布设 7 个点位。采样编号：GMW-1、GMW-2、GMW-3、MPE-1、MPE-2、BJ-1 和 DZ-1（图 4-23）。

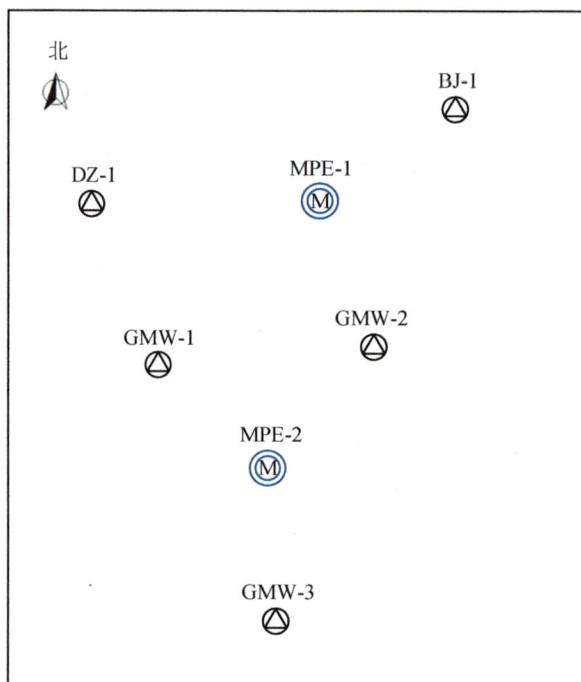

图 4-23　唐山滦宏示范场地技术验证地下水布点

（2）二次污染测试点位

根据验证技术的特点和评价目标，技术验证评价测试阶段二次污染监测主要包括大气环境监测、水环境监测、声环境监测和固体废物（含危险废物）产生情况 4 部分。大气环境监测主要包括有组织排放源监测和无组织排放源监测，有组织排放源包括尾气处理系统，无组织排放源监测包括场区及周边空气监测，水环境监测主要为污水处理系统排放口的监测，声环境监测包括场区及周边噪声监测，固体废物（含危险废物）主要查看产生量、暂存、处置、回收情况。二次污染监测布点见图 4-24。

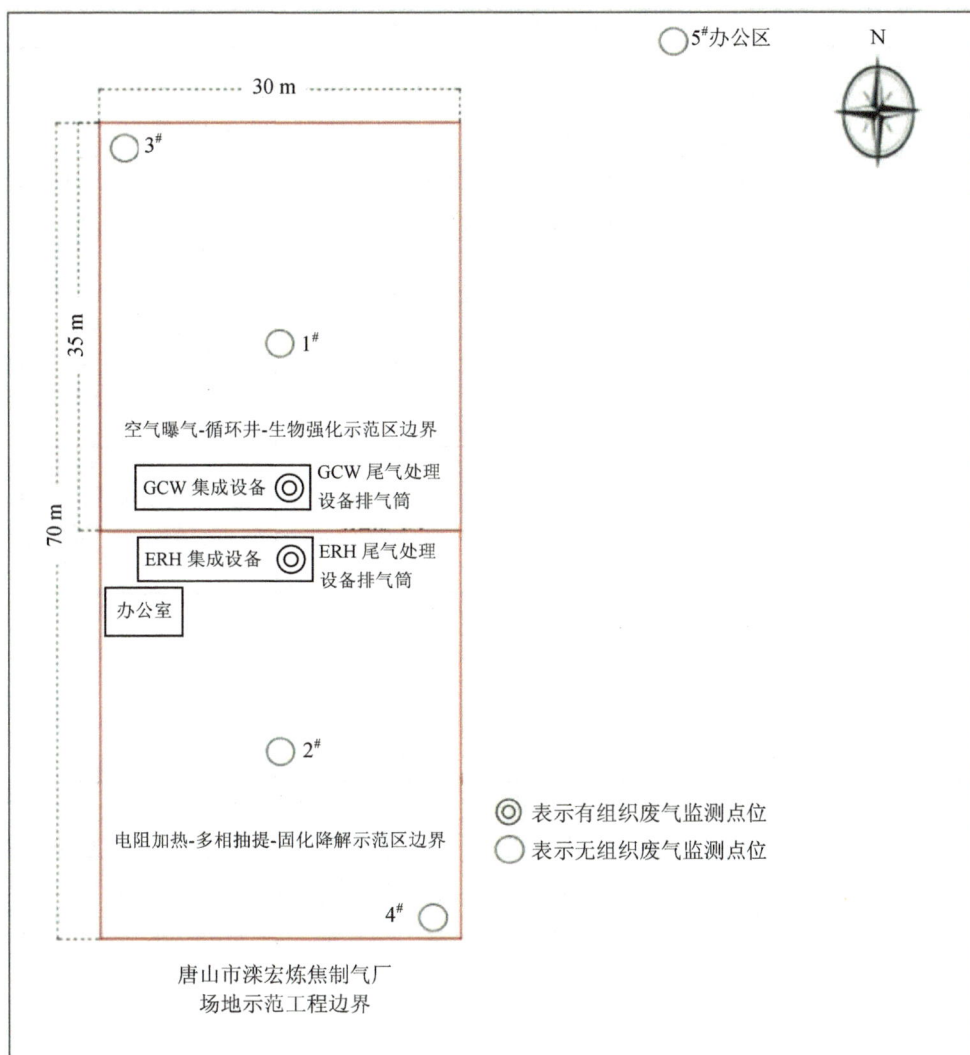

图 4-24　二次污染监测布点

4.3.3.3　样品采集及检测

样品采集见表 4-16。

表 4-16　技术验证评价样品采集一览表

类型	采样点	测试指标	样品数量	位置	监测频率	验证方式
修复效果监测	土壤	苯、多环芳烃	58	按照 HJ 25.5 布设点位	初始和结束各一次	第三方检测报告
	地下水	苯	7	现有监测井	初始和结束各一次	第三方检测报告

类型	采样点	测试指标	样品数量	位置	监测频率	验证方式
水环境监测	场区	pH、悬浮物、化学需氧量、VOCs、石油类	1	污水处理设备出水口采样	自检+运行过程第三方监测1次	第三方检测报告
大气环境监测	场区及周边	VOCs、多环芳烃、非甲烷总烃、总悬浮颗粒物	5	修复区域中心、当季下风向场地边界、边界外环境敏感点、对照点	施工过程中测1次	现场检测,同时查看施工单位自检测情况
	排气筒	苯系物、非甲烷总烃、颗粒物	1	尾气处理设备排气筒	施工过程中测1次	现场检测,同时查看施工单位自检测情况
噪声环境监测	场区及周边	等效连续A声级	3	场地周边及噪声敏感建筑物附近	施工过程中测1次	现场检测,同时查看施工单位自检测情况

（1）土壤样品采样与检测（表 4-17）

表 4-17　土壤/地下水样品测试参数的分析方法

污染介质	分析参数	分析方法	方法来源
土壤	苯	HJ 605—2011	《土壤环境监测技术规范》（HJ/T 166—2004）
	PAHs	HJ 834—2017	《土壤环境监测技术规范》（HJ/T 166—2004）
地下水	苯	HJ 639—2012	《土壤环境监测技术规范》（HJ/T 166—2004）

（2）大气样品采样与检测（表 4-18）

表 4-18　大气样品测试参数的分析方法

分析参数		分析方法	方法来源
VOCs（非甲烷总烃）		HJ 604—2017	《环境空气　总烃、甲烷和非甲烷总烃的测定　直接进样-气相色谱法》
		HJ 38—2017	《固定污染源废气　总烃、甲烷和非甲烷总烃的测定　气相色谱法》
颗粒物		GB/T 16157—1996	《固定污染源排气中颗粒物测定与气态污染物采样方法》
		HJ 836—2017	《固定污染源废气　低浓度颗粒物的测定　重量法》
有组织排放污染物	苯	HJ 584—2010	《环境空气　苯系物的测定　活性炭吸附/二硫化碳解吸-气相色谱法》、《空气和废气监测分析方法》（第四版）
	二甲苯	HJ 644—2013	《环境空气　挥发性有机物的测定　吸附管采样-热脱附/气相色谱-质谱法》

（3）水样品采样与检测（表 4-19）

表 4-19　水样测试参数的分析方法

分析参数	分析方法	方法来源
pH	HJ 1147—2020	《地下水环境监测技术规范》（HJ 164—2020）
悬浮物	GB/T 11901—89	《地下水环境监测技术规范》（HJ 164—2020）
COD	HJ 828—2017	《地下水环境监测技术规范》（HJ 164—2020）
苯	HJ 639—2012	《地下水环境监测技术规范》（HJ 164—2020）
石油类	HJ 970—2018	《地下水环境监测技术规范》（HJ 164—2020）

4.3.4　检测结果的分析与评价

4.3.4.1　修复效果评价

（1）土壤

该耦合技术可根据污染类型分层次、分阶段实施。所谓分层次即分为包气带和饱和带。针对包气带苯污染土壤采用 SVE，抽提 2 h，暂停 2 h，运行 30～40 d；针对低浓度 PAHs 污染土壤采用热强化生物降解技术进行修复，土壤加热温度约 40℃，按照体积比 1 m^3 土壤注入 75 L 菌液加入 PAHs 降解菌，持续运行 80～90 d。

通过对苯和 PAHs 污染土壤的取样检测，检测结果如表 4-20 所示。

表 4-20　污染土壤修复效果评估（苯系物）　　　　　　　　单位：μg/kg

深度	B1	B2	B3	B4	B5	B6	B7	B8	B9
2 m	ND	ND	70.5	121	ND	ND	ND	ND	ND
4 m	ND	ND	ND	ND	240	222	283	ND	ND
6 m	ND	ND	ND	ND	ND	ND	ND	344	ND
9 m	ND	ND	ND	ND	ND	ND	ND	ND	ND
10 m	ND	ND	140	ND	ND	ND	ND	ND	ND
11 m	ND	ND	ND	ND	ND	ND	ND	ND	ND

苯修复后土壤中的最高浓度为 344 μg/kg，各点位浓度均修复达标，且大部分点位浓度为未检出；特别是 10 m 左右的低渗透黏土夹层，在 ERH 定深加热强化作用下，土壤中的苯系物浓度基本为未检出，集成修复技术对苯系物等 VOCs 去除效果显著。

对于沸点较高半挥发性的苯并[a]芘，修复后，除 B3 点位−2 m 土壤中未达标外（10.3 mg/kg），其余各点位浓度均修复达标（表 4-21）。该点位未修复达标（1.5 mg/kg）的主要原因应该是修复前该点位的浓度就较高（13.4 mg/kg）。这说明集成修复技术适用范围受浓度限制，适合用于处理低浓度的多环芳烃超标情形，而不适合处理高浓度的

PAHs 污染土壤。

表 4-21　污染土壤修复效果评估（苯并[a]芘）　　　单位：mg/kg

深度	B1	B2	B3	B4	B5	B6	B7	B8	B9
2 m	0.2	0.8	10.3	0.3	0.9	0.1	0.9	0.2	0.8
4 m	ND	ND	ND	ND	ND	ND	ND	ND	ND
6 m	ND	ND	ND	ND	ND	ND	ND	0.2	ND

效果评估共采集了 58 个土壤样品，其中包括 27 个 PAHs 污染区土壤样品，效果评估数据显示一个样品 PAHs 污染土壤样品不合格，总体修复合格率为 98.3%，因此土地的安全利用率达 98.3%，达到了"土壤再利用或回用率达 80%以上，污染场地安全利用率达到 95%"的要求。

集成修复技术可在较低温度下实现对低浓度多环芳烃的高效去除，达到节约能源、降低修复成本的目的，增强了修复技术适用范围，可用于处理苯系物和低浓度多环芳烃复合污染区域。

（2）地下水

针对饱和带采用电阻加热-多相抽提-生物降解技术处理地下水中的苯；对于浓度较高的区域，采用热强化多相抽提技术，通过加热提高苯在水中的溶解度，从而提高多相抽提效率，单口 MPE 井每日抽提水量 500～750 L。通过构建"热强化修复反应带"强化污染核心区及下游区域的苯的生物降解，反应带内部地下水温度达到 35～40℃，反应带下游区域温度为 28～35℃，同时注入磷酸盐调节地下水中的碳、氮、磷比，热强化生物降解运行时间 120 d。

示范工程运行 120 d 后，参照《建设用地土壤污染风险管控和修复监测技术导则》（HJ 25.2—2019）对示范区地下水进行取样检测，取样深度为水面以下 0.5 m，通过检测结果评估苯污染地下水的修复效果。检测结果见表 4-22。

表 4-22　地下水修复效果评估　　　单位：μg/L

地下水监测井编号	初始数据	120 d
DZ-1	91.0	5.2
BJ-1	—	3.6
GMW-1	1 220	ND
GMW-2	782	ND
GMW-3	814	2.6
MPE-1	1 370	8.5
MPE-2	77.5	2.8

注："—"为未采样。

修复后（运行 120 d）地下水中检出的苯浓度为 2.6～8.5 μg/L，低于项目的修复目标值 10 μg/L。

4.3.4.2　绿色性效果评价

4.3.4.2.1　废气

针对验证技术现场废气排的口的大气污染物排放情况，进行了连续 3 批次样品采集及检测，每批次分别检测 VOCs（以非甲烷总烃计）、颗粒物、苯、二甲苯的监测浓度或排放速率。检测结果如表 4-23 所示。由表 4-23 可知，在电阻加热-多相抽提-固化降解集成修复技术的应用过程中，有组织排放大气污染物中 VOCs（以非甲烷总烃计）、颗粒物、苯、二甲苯排放质量浓度及排放速率均低于《大气污染物综合排放标准》相关排放限值要求，工艺废气均可达标排放。

表 4-23　固定污染源废气监测结果

检测指标		排放限值	样品 1	样品 2	样品 3
颗粒物	排放浓度/（mg/m³）	120	2.2	1.7	2.1
	排放速率/（kg/h）	3.5	0.000 39	0.000 30	0.000 36
非甲烷总烃	排放浓度/（mg/m³）	120	0.85	0.89	0.90
	排放速率/（kg/h）	10	0.000 15	0.000 16	0.000 15
苯	排放浓度/（mg/m³）	12	0.039	0.26	0.094
	排放速率/（kg/h）	3.5	0.000 006 9	0.000 046	0.000 016
二甲苯	排放浓度/（mg/m³）	70	0.02	0.009	0.005
	排放速率/（kg/h）	1.0	0.000 003 5	0.000 001 6	0.000 000 85

针对验证技术现场无组织排放废气，根据相关规定要求以及周边敏感点识别情况，在验证场地边界上风向、下风向、验证区域中心以及周边敏感点共设置了 5 个监测点位，并连续检测了 4 批次，分别检测 VOCs（以非甲烷总烃计）、颗粒物、苯和二甲苯污染物的排放质量分数。无组织排放检测结果如表 4-24 所示。由表 4-24 可知，验证技术应用过程中厂界和周边敏感点大气污染物颗粒物、VOCs（以非甲烷总烃计）、苯和二甲苯无组织排放的排放质量浓度均低于《大气污染物综合排放标准》相关限值要求。

表 4-24　无组织废气监测结果　　　　　　　　　单位：mg/m³

采样位置	颗粒物	苯	二甲苯	非甲烷总烃
排放限值	1.0	0.4	1.2	4.0
1# GCW 示范场地中心	0.186	0.457	0.052	0.73
	0.247	0.016 2	0.006 6	0.91
	0.265	0.009 5	0.052 1	0.73
	0.236	0.043 7	0.048 6	0.49

采样位置	颗粒物	苯	二甲苯	非甲烷总烃
2# ERH 示范场地中心	0.200	1.180	0.781	0.73
	0.278	0.014 4	0.001 1	0.90
	0.258	0.014 4	0.004 9	0.51
	0.204	0.045 7	0.017 1	0.60
3# 示范场地边界上风向	0.194	0.060 5	0.010	0.74
	0.254	0.018 6	0.008 3	0.75
	0.229	0.024 3	0.012 0	0.52
	0.226	0.015 1	0.013 1	0.59
4# 示范场地边界下风向	0.167	0.026 9	0.001 9	0.83
	0.249	0.057 5	0.008 5	0.65
	0.249	0.030 4	0.001 6	0.49
	0.209	0.038 4	0.001 7	0.62
5# 示范场地周边办公区	0.170	0.012 6	0.041 5	0.92
	0.260	0.028 6	0.008 9	0.66
	0.247	0.029 2	0.008 3	0.63
	0.256	0.043 5	0.015 4	0.63

4.3.4.2.2 废水

针对验证技术现场产生废水的情况,在废水净化设备排水口进行了连续 3 批次样品采集及检测,其中 pH 的检测结果为 7.4~7.5,满足 6~9 的限值要求。

废水中污染物检测指标包括 pH、悬浮物、化学需氧量、石油类和苯,具体检测结果如表 4-25 所示。废水污染物检测结果表明,在电阻加热-多相抽提-固化降解集成修复技术应用过程中,废水中污染物排放质量浓度满足《污水综合排放标准》中三级标准的相关要求。

表 4-25　废水监测结果

检测指标	pH	悬浮物/(mg/L)	化学需氧量/(mg/L)	石油类/(mg/L)	苯/(mg/L)
标准值	6~9	400	500	20	0.5
第 1 次	7.4	ND	97	0.28	ND
第 2 次	7.5	ND	89	0.18	ND
第 3 次	7.4	ND	92	0.09	ND

4.3.4.2.3 噪声

针对示范场地现场情况,在示范场地边界处和周边敏感点处进行噪声检测。检测结果如表 4-26 所示,由表 4-26 可知,在电阻加热-多相抽提-固化降解集成修复技术应用过程中,验证场地边界处及周边敏感点处噪声检测结果均低于《工业企业厂界环境噪声排放标准》中 4 类功能区昼间噪声限值 70 dB(A)和夜间噪声限值 55 dB(A)。

表 4-26　噪声监测结果

样品原标识	采样位置	风速/(m/s)	噪声源	监测时间	测量方法	单位	最大声级	L_{eq}
1#	ERH 示范场地南侧边界	1.4	车辆	14: 13—14: 23	GB 12348—2008	dB（A）	—	51
2#	GCW 示范场地南侧边界	1.4	车辆	14: 14—14: 24	GB 12348—2008	dB（A）	—	55
3#	示范场地周边办公区	1.4	车辆	14: 39—14: 49	GB 12348—2008	dB（A）	—	51
1#	ERH 示范场地南侧边界	1.8	车辆	22: 01—22: 11	GB 12348—2008	dB（A）	64	51
2#	GCW 示范场地南侧边界	1.8	车辆	22: 02—22: 12	GB 12348—2008	dB（A）	52	47
3#	示范场地周边办公区	1.8	车辆	22: 17—22: 27	GB 12348—2008	dB（A）	53	47

4.3.4.3　运行维护管理评价

（1）工艺运行参数

该耦合技术可根据污染类型分层次、分阶段实施。所谓分层次即分为包气带和饱和带，所谓分阶段是指前期以处理苯为主，后期以处理多环芳烃为主。针对包气带苯污染土壤采用 SVE，每次抽提 2 h，间隔 2 h；并针对污染物易聚集、难处理的黏土夹层和毛细管带，采用 ERH 定深精准加热技术，加热温度约 40℃，运行 30～40 d；针对饱和带采用 ERH 低温加热强化 MPE 抽提和微生物降解技术处理地下水中的苯。运行过程中，气体抽提及处理流量为 504 m³/h，抽提压力为 -46.5 kPa。通过构建"热强化修复反应带"强化污染核心区及下游区域的苯的生物降解，反应带内部地下水温度达到 35～40℃，反应带下游区域温度为 28～35℃，同时注入磷酸盐调节地下水中的碳、氮、磷比，热强化生物降解运行时间 120 d。针对低浓度 PAHs 污染土壤采用热强化生物降解技术进行修复，土壤加热温度约 40℃，按照体积比 1 m³ 土壤注入 75 L 菌液加入 PAHs 降解菌，持续运行 80～90 d。

运行过程中，气相抽提压力不高于 -40 kPa，尾气处理流量大于 500 m³/h，废水处理能力可达 3 m³/h，电极加热功率可达 5 kW，设备及运行工况参数详见第三方检测机构——通标标准技术服务（天津）有限公司（SGS）出具的《电阻加热-多相抽提-固化降解集成设备检测报告》。

（2）处理规模

本验证评价案例所采用的电阻加热-多相抽提-固化降解修复系统，单批次可处理规模 1 000 m² 污染土和地下水，修复周期为 120 d。

（3）资源能源消耗

1）土壤修复资源能源消耗：电阻加热-多相抽提-固化降解修复系统运行过程中需消耗水、电、营养药剂等资源或能源，因此，对其资源能源消耗量进行核算。经核算，该技术处理 1 m³ 低浓度苯污染土壤耗电量为 26.1 kW·h（合标准煤 3.2 kg），能耗成本约 26.1 元；由于土壤中苯浓度较低，尾气处理所需的活性炭量忽略不计。经核算，处理 1 m³ 苯污染土壤的运行成本（包括人员工资）约为 54 元、建设成本约为 81 元、设备成本约为 30 元，合计总成本约为 165 元。

针对低浓度 PAHs 污染土壤，采用 ERH 强化微生物降解技术，处理 1 m³ 多环芳烃污染土壤耗电量约为 45.5 kW·h（合标准煤 5.4 kg）。资源消耗主要注入的菌剂和营养液，处理 1 m³ 多环芳烃污染土壤的资源消耗 75 L 微生物培养基，合 135 元。经核算，处理 1 m³ 多环芳烃污染土壤的运行成本（包括人员工资、材料和能耗）约为 209 元，建设成本约为 81 元、设备成本约为 30 元，合计总成本约为 320 元。

2）地下水修复资源能源消耗：电阻加热-多相抽提-固化降解修复系统运行过程中需消耗水、电、营养药剂等资源或能源，因此，对其资源能源消耗量进行核算。处理 1 m³ 苯污染地下水的能耗成本约为 117 元，对应的能耗为 117 kW·h（合标准煤 16.5 kg），材料成本为 2.9 元。经核算，处理 1 m³ 苯污染地下水的运行成本（包括人员工资、材料和能耗）约为 132 元，建设成本约为 52 元、设备成本约为 20 元，合计总成本约为 204 元。

4.3.4.4　结论

1）通过本次原位电阻加热-多相抽提-固化降解集成修复技术的技术验证，证实该技术是一种切实有效的焦化污染地块中风险/浓度区的修复组合技术。验证测试结果表明，该技术能够达到以下效果：对土壤和地下水中苯的修复效果均能达到修复目标值，总体修复合格率为 98.3%，达到了土地安全利用率 95% 以上的考核指标要求，且不会对周边土壤产生二次污染；修复过程产生的废气、废水、噪声等，其污染物排放参数均低于相应专项标准的排放限值；经核算，采用原位电阻加热-多相抽提-固化降解集成修复技术处理 1 m³ 苯污染土壤成本 165 元；处理 1 m³ PAHs 污染土壤修复成本约 320 元；处理 1 m³ 污染地下水成本约为 204 元。

2）验证测试结果表明，原位电阻加热-多相抽提-固化降解集成修复技术不仅能够有效降低焦化污染场地土壤和地下水中苯的浓度，同时修复过程中污染物排放达标，资源能源消耗较少，修复成本较低，环境效益和社会效益显著，可应用于京津冀地区焦化污染地块，为修复我国京津冀地区焦化污染地块提供技术储备。

3）本验证结果进一步表明，环境技术验证评价能够为土壤修复新技术（组合技术）的应用推广提供有效助力，其科学、客观的评价方法能够使更多的土壤修复新技术得到公平、公正的评价，从而有效促进新技术的推广应用。

4.4　空气曝气-循环井-生物强化集成修复技术验证评价

4.4.1　验证技术介绍

4.4.1.1　技术适用性

见本章 4.3.1.1 节。

4.4.1.2　技术原理

土壤气相抽提是在污染土壤中建设气相抽提井，通过抽提风机或真空泵等在土壤中形成压力梯度，利用土壤中的压力梯度促使挥发性有机物及降解产物流向抽提井，抽提至地面统一进行净化处理，达到污染物快速去除的目的。

空气曝气循环井的空气由地面上的注气风机经曝气管通入地下水中，产生的气泡降低了地下水的密度并使其提升，地下水中的 VOCs 通过吹脱、曝气作用从溶解相转移到气相。通过在饱和带形成的水气循环，生物强化单元注入的营养药剂等，释放在地下水中，强化微生物生长，提高污染物去除效率。技术原理如图 4-25 所示。

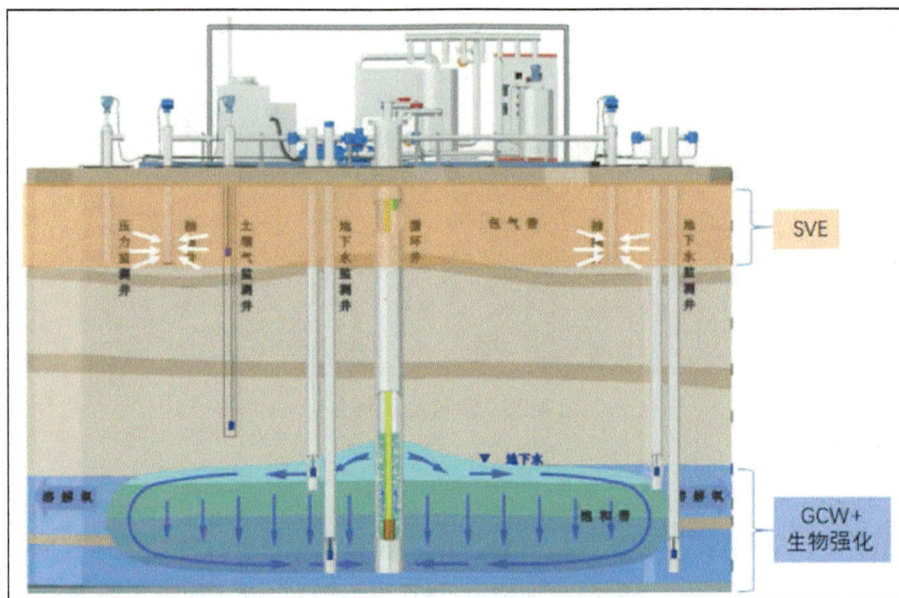

图 4-25　空气曝气-循环井-生物强化集成修复技术原理

4.4.1.3 技术创新分析

1）京津冀地区主体地层渗透性好，饱和带地下水水位埋深深、厚度大，对于以低浓度苯系物 VOCs 污染为主的低风险区，土壤气相抽提技术和地下水循环井技术集成应用具有非常高的适宜性，可显著降低建设成本，提高修复效率。

2）针对含水层中的苯系物，通过集成空气曝气和生物强化技术，应用先物理后生物修复的策略，实现快速修复。

3）集装箱式设备，便于工程化扩展和应用，提高设备利用率。同时可根据物理去除和生物降解不同阶段的功能需求，可灵活调整设备参数，一机多能。

4.4.2 验证地块介绍

（1）验证地块范围

该技术验证测试场所选择唐山滦宏焦化厂场地，在项目组组织下，与河北省生态环境研究院、中科鼎实环境工程有限公司等进行了多次沟通，对场地情况、污染数据进行了充分分析，先后选定示范验证地块（图 4-26）。示范地块位于唐山滦宏焦化厂场区内，污染面积约 1 000 m^2，目前该场地为闲置场地，周边为物流园。

图 4-26　示范验证地块

（2）地块水文地质条件

场地内地层为第四纪冲积层，按岩性特征、埋藏分布和工程特性指标等情况大致分为以下主要工程地质层，各层岩性、物理力学性质详细情况分述如表 4-27 所示。

表 4-27　工程地质情况

钻孔编号	I-20	钻孔深度	45 m	钻孔直径	450.0 mm
坐标（m）　X=13.08　　Y=18.69					
地层编号	层底深度/m	分层厚度/m	柱状图	岩土名称及其特征	
①	2.20	2.20		杂填土：由建筑垃圾、灰渣及碎石等组成，呈灰褐色，潮，松散	
②	9.50	7.30		细砂：呈黄色/暗黄色，潮，松散，土质不均，含石英长石等	
③	11.50	2.0		粉质黏土：黄褐色，可塑，湿，土质较均，含铁氧化物、云母等	
④	26.80	15.30		细砂：呈黄色/暗黄色，潮，松散，土质不均，含石英长石等	
⑤	28.50	1.70		粉质黏土：黄褐色，可塑，湿，土质较均，含铁氧化物、云母等	
⑥	30.6	2.10		细砂：呈黄色/暗黄色，潮，松散，土质不均，含石英长石等	

钻孔编号	I-20	钻孔深度	45 m	钻孔直径	450.0 mm
		坐标（m）X=13.08　Y=18.69			
地层编号	层底深度/m	分层厚度/m	柱状图	岩土名称及其特征	
⑦	31.60	1.0		粉质黏土：黄褐色，可塑，湿，土质较均，含铁氧化物、云母等	
⑧	38.0	5.40		细砂：呈黄色/暗黄色，潮，松散，土质不均，含石英长石等	
⑨	41.5	3.50		粉质黏土：黄褐色，可塑，湿，土质较均，含铁氧化物、云母等	
⑩	45	3.5		细砂：呈黄色/暗黄色，潮，松散，土质不均，含石英长石等	
⑪	超过45	—		卵砾石：呈灰白色，以石英岩为主，磨圆度较差，呈次圆状、次棱角状等，直径20～40 mm	

　　厂区地层 31 m 深度范围内为杂填、细砂（含粉质黏土夹层），渗透系数在 1.11×10^{-4} ～ 6.56×10^{-4} cm/s，均值为 3.64×10^{-4} cm/s，渗透性较好。

　　场地区域下浅层含水层为第四系含水层，地下水监测井资料显示，含水层埋藏于地下 30 m 左右，岩性主要为细砂、中砂，呈现单层含水层结构，含水层厚度大于 10 m。根据地下水监测井抽水试验结果可知，场区范围内浅层第四系含水组渗透系数在 13.37 ～ 23.11 m/d，平均值为 16.61 m/d。

　　根据场地相关资料可知，场地内地下水水位埋深在 32 ～ 33 m，浅层地下水流向为自北向南流动，地下水水力坡度 3‰，该地区浅层地下水流向与区域的地下水流向是一致的。地下水流场如图 4-27 所示。

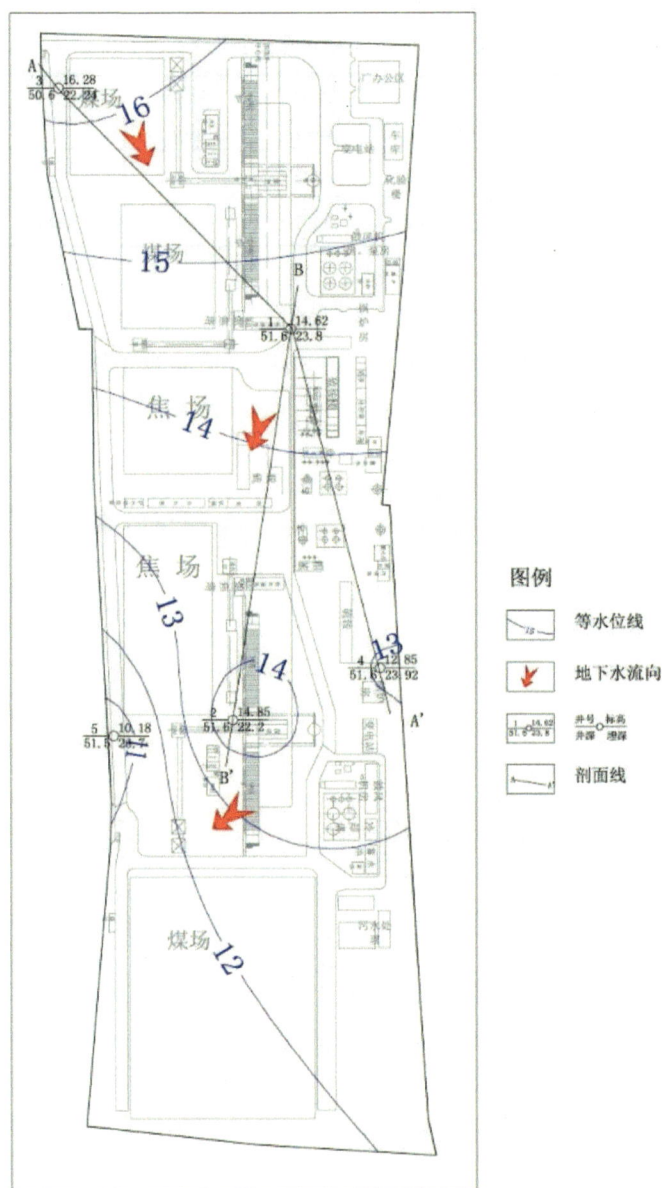

图 4-27　地下水流场

（3）土壤污染特征及污染物浓度

1）土壤污染情况。根据土壤详细调查结果，选择《土壤环境质量　建设用地土壤污染风险管控标准（试行）》（GB 36600—2018）第二类用地筛选值对土壤中污染物进行筛选与统计分析，见表 4-28。

表4-28　污染物含量统计分析

污染物	筛选值/ (mg/kg)	样本数/个	最小值/ (mg/kg)	最大值/ (mg/kg)	平均值/ (mg/kg)	超标率/%	最大超标倍数
苯	4	54	0.39	4.29	1.44	2	1.3
	1	54	0.39	4.29	1.44	100	4.29

示范区内土壤中主要污染物为苯，分布范围集中在地下 0～11 m（图 4-28），主要位于黏土夹层上方区域；黏土夹层下方区域未污染，说明黏土夹层对污染物起到了阻隔作用，对下层土壤起到了较好的保护作用。多环芳烃虽有检出，但未超标。

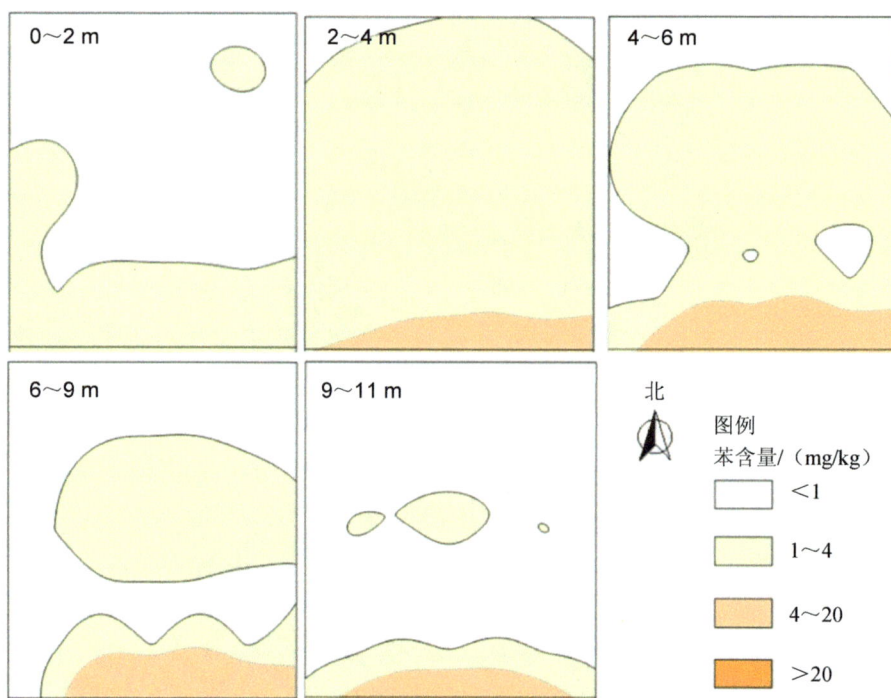

图 4-28　不同深度土壤苯污染区域分布范围

2）地下水污染情况。示范区内地下水评价标准采用《地下水质量标准》（GB/T 14848—2017）中的Ⅲ类标准，而对于该质量标准中缺少的水质指标限值，参照的是《生活饮用水卫生标准》（GB 5749—2022）。

4 组地下水监测井，两个不同取样深度中均仅有苯超标，超标情况见表 4-29 和图 4-29。

表 4-29　污染物含量统计分析

污染物	标准值*/（μg/L）	样本数/个	最小值/（μg/L）	最大值/（μg/L）	平均值/（μg/L）	超标率/%	最大超标倍数
苯（−35 m）	10	4	247	884	630	100	63
苯（−43 m）	10	4	279	545	357	100	35.7

注：* 《地下水质量标准》（GB 14848—2017）Ⅲ类标准。

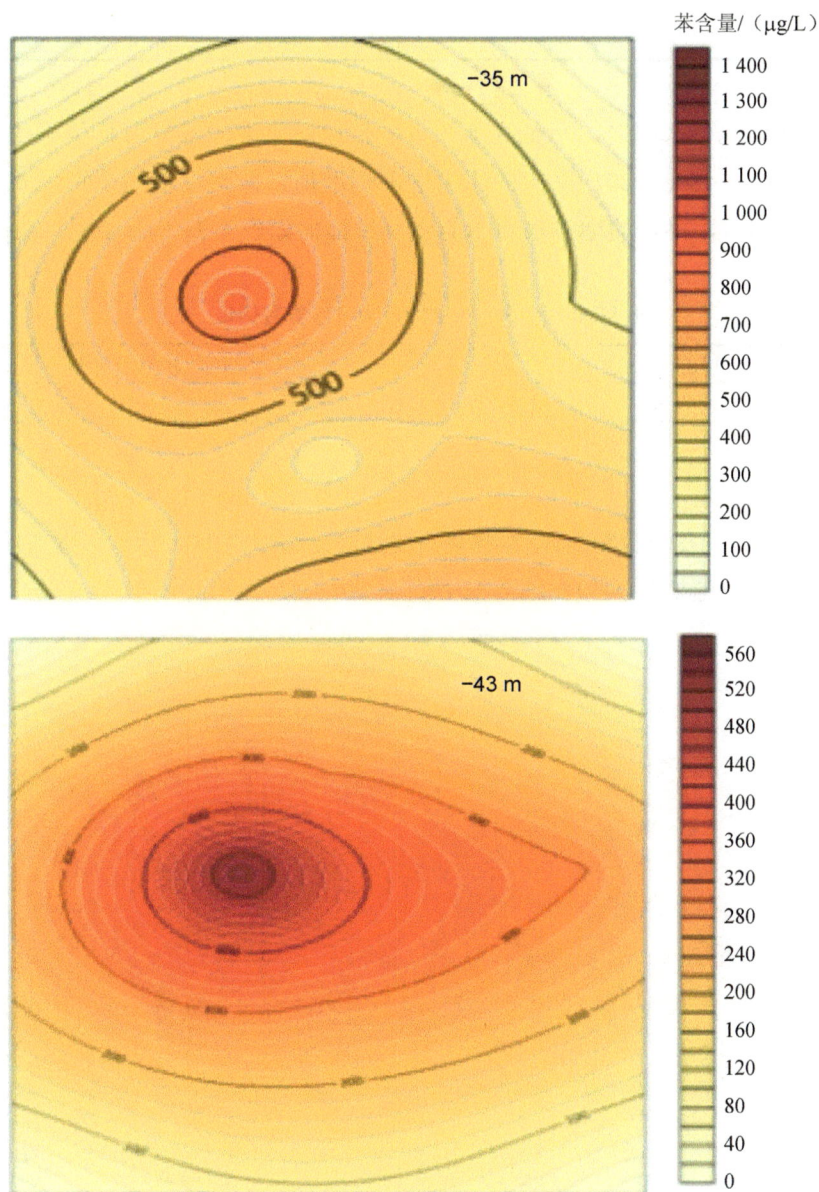

图 4-29　地下水−35 m 和−43 m 苯污染区域分布范围

（4）目标污染物修复目标

根据《土壤环境质量　建设用地土壤污染风险管控标准（试行）》（GB 36600—2018）第二类用地筛选值，最终确定滦宏焦化示范区土壤中目标污染物的修复目标值，见表4-30。

表4-30　土壤中目标污染物修复目标值　　　　　　　　　　　　　　　　　　单位：mg/kg

目标污染物	修复目标值
苯	4

根据该场地地下水用途，示范区地下水中目标污染物的修复目标值采用《地下水质量标准》（GB/T 14848—2017）中的Ⅲ类水质标准值，即主要适用于集中式生活饮用水水源及工农业用水，确定的地下水中苯的修复目标值如表4-31所示。

表4-31　地下水中目标污染物修复目标值　　　　　　　　　　　　　　　　　　单位：μg/L

目标污染物	修复目标值
苯	10

（5）设施概况

根据要求，将研发一套空气曝气-循环井-生物强化集成修复装备，以及配套的循环井、监测井等。具体设施如图4-30～图4-32所示。

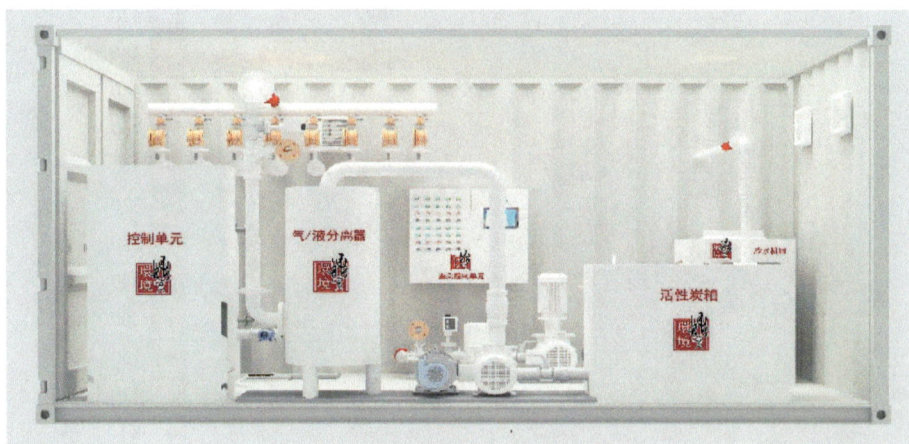

图 4-30 空气曝气-循环井-生物强化集成修复装备

图 4-31 尾气处理系统

图 4-32　尾气抽提系统

（6）平面布置图

总体平面布置及井位布置剖面、井结构如图 4-33～图 4-35 所示。

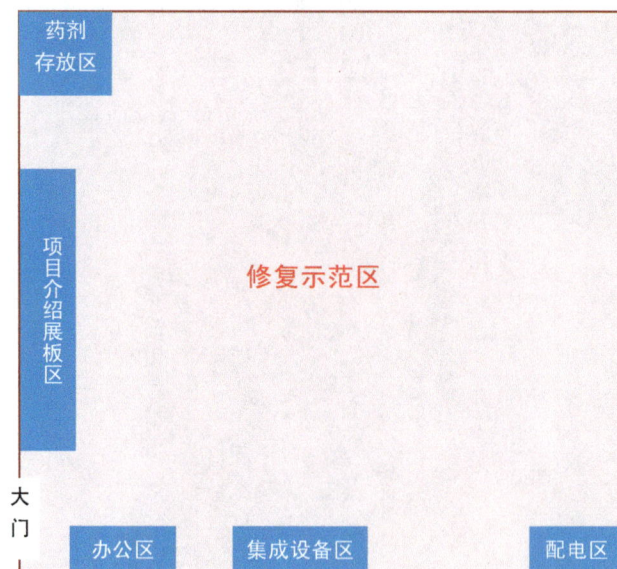

图 4-33　总体平面布置

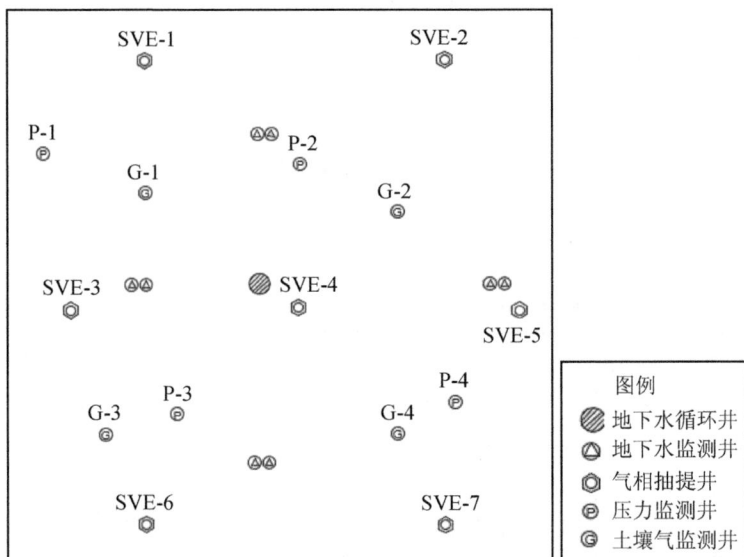

图 4-34　井位布置剖面图

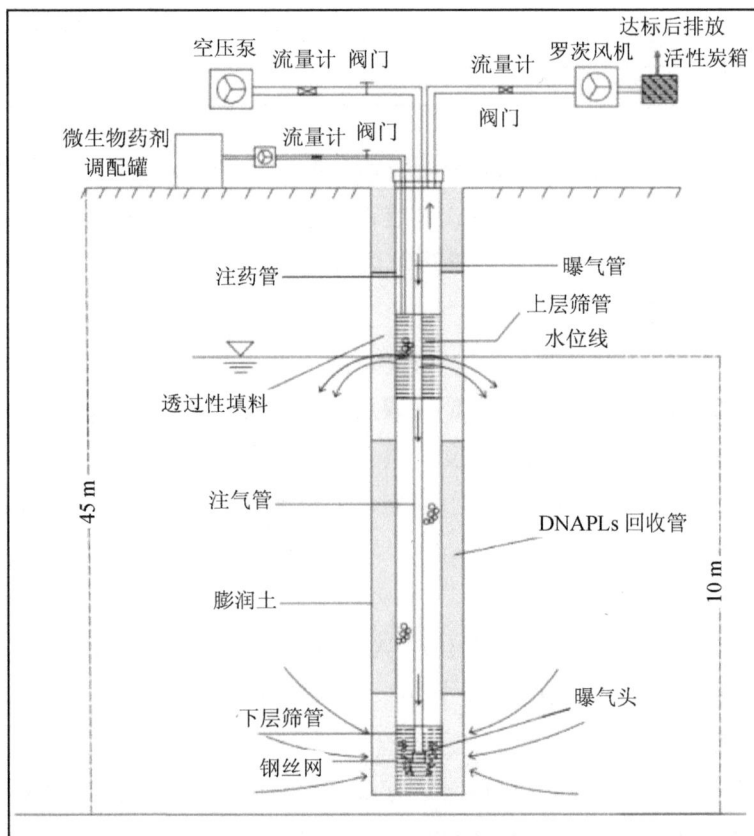

图 4-35　循环井结构示意图

4.4.3 技术验证评价主要技术方法

4.4.3.1 评价指标的确定

本次技术验证效果计划从环境效果、工艺运行和维护管理 3 个方面进行评价，结合污染地块和修复技术的实际情况，确定的技术验证评价具体指标如表 4-32 所示。

表 4-32 示范地块技术验证评价具体测试参数

测试指标类别	测试对象		具体测试参数
环境效果	修复效果（土壤和地下水）		苯
	绿色性	大气污染物	颗粒物、苯、二甲苯、非甲烷总烃
		水污染物	pH、悬浮物、化学需氧量、石油类
		噪声	等效连续声级［dB（A）］
		固体废物	产生量
工艺运行	技术参数		抽提压力 0～40 kPa 尾气处理能力＞300 m³/h 循环井影响半径＞10 m
	运行参数		流量、压力
维护管理	能耗		电力使用量
	物耗		材料、药剂等

本验证技术环境效果指标计划采取现场测试的方式开展，工艺运行指标和维护管理指标计划采取台账法、现场察看等方式开展，绿色性指标主要是指修复系统运行过程中大气污染物排放、废水排放以及产生噪声等情况。

4.4.3.2 采样点位的布设

（1）土壤修复效果布点方案

验证地块面积 1 000 m²。场地平整完成后，用钻机对平面及不同深度各土壤点位进行采样，得到验证地块的初始污染浓度；整个系统运行完成后，采用钻机对平面及不同深度各土壤点位进行采样；对于地下水监测，采用现有的监测井进行采样，考察污染物是否达到修复目标。

1）土壤布点方案。

按照网格布点法，共布 9 个点，编号：A1、A2……A9（图 4-36）；采样深度分别为−2 m、−4 m、−6 m、−9 m、−10 m 和−13 m，共采集 54 个样品。

2）地下水布点方案。

采用现有监测井进行取样，共布 4 个点，每个点位上、下 2 个深度。采样编号：GMW1-1、GMW1-2、GMW2-1、GMW2-2、GMW3-1、GMW3-2、GMW4-1 和 GMW4-2（图 4-37）。

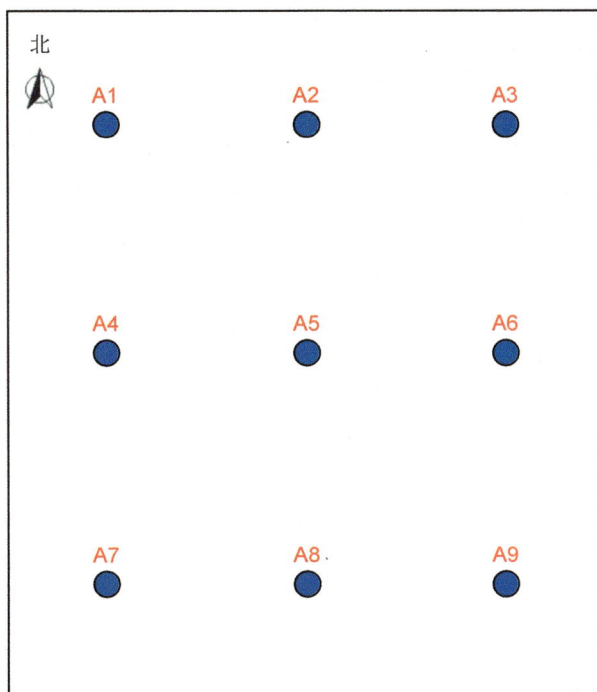

图 4-36 唐山滦宏示范场地技术验证布点

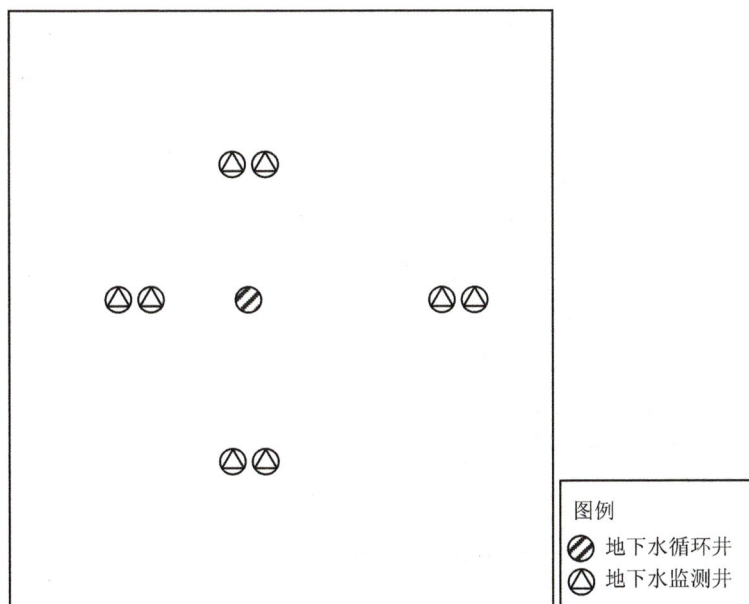

图 4-37 唐山滦宏示范场地技术验证地下水布点

（2）二次污染测试点位

根据验证技术的特点和评价目标，技术验证评价测试阶段二次污染监测主要包括大气环境监测、水环境监测、声环境监测和固体废物（含危险废物）产生情况四部分。大气环境监测主要包括有组织排放源监测和无组织排放源监测，有组织排放源包括尾气处理系统，无组织排放源监测包括场区及周边空气监测，声环境监测包括场区及周边噪声监测，固体废物（含危险废物）主要查看产生量、暂存、处置、回收情况（图4-38）。

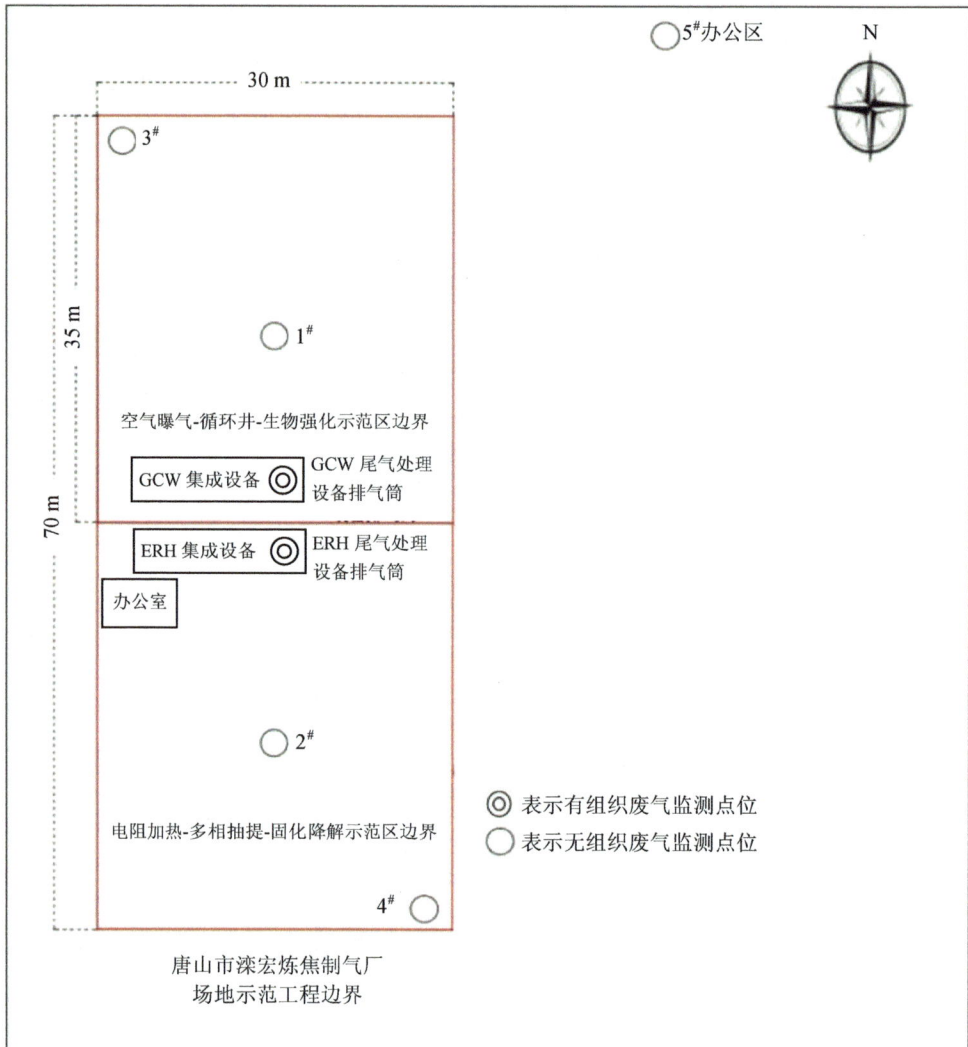

图4-38　二次污染监测布点

4.4.3.3　样品采集及检测

样品采集见表4-33。

表 4-33　技术验证评价样品采集一览表

类型	采样点	测试指标	样品数量	位置	监测频率	验证方式
修复效果监测	土壤	苯	54	按照 HJ 25.5 布设点位	初始和结束各一次	第三方检测报告
	地下水	苯	8	现有监测井	初始和结束各一次	第三方检测报告
大气环境监测	场区及周边	VOCs、多环芳烃、非甲烷总烃、总悬浮颗粒物	5	修复区域中心、当季下风向场地边界、边界外环境敏感点、对照点	施工过程中测 1 次	现场检测，同时查看施工单位自检测情况
	排气筒	苯系物、萘、非甲烷总烃、颗粒物	1	尾气处理设备排气筒	施工过程中测 1 次	现场检测，同时查看施工单位自检测情况
噪声环境监测	场区及周边	等效连续A声级	2	场地周边及噪声敏感建筑物附近	施工过程中测 1 次	现场检测，同时查看施工单位自检测情况

（1）土壤样品采样与检测（表 4-34）

表 4-34　土壤/地下水样品测试参数的分析方法

污染介质	分析参数	分析方法	方法来源
土壤	苯	HJ 605—2011	《土壤环境监测技术规范》（HJ/T 166—2004）
地下水	苯	HJ 639—2012	《水质　挥发性有机物的测定　吹扫捕集/气相色谱-质谱法》（HJ 639—2012）

（2）大气样品采样与检测（表 4-35）

表 4-35　大气样品测试参数的分析方法

分析参数	分析方法	方法来源
VOCs（非甲烷总烃）	HJ 604—2017	《环境空气　总烃、甲烷和非甲烷总烃的测定　直接进样-气相色谱法》
	HJ 38—2017	《固定污染源废气　总烃、甲烷和非甲烷总烃的测定　气相色谱法》
颗粒物	GB/T 16157—1996	《固定污染源排气中颗粒物测定与气态污染物采样方法》
	HJ 836—2017	《固定污染源废气　低浓度颗粒物的测定　重量法》

分析参数		分析方法	方法来源
有组织排放污染物	苯	HJ 584—2010	《环境空气 苯系物的测定 活性炭吸附/二硫化碳解吸-气相色谱法》、《空气和废气监测分析方法》（第四版）
	二甲苯	HJ 644—2013	《环境空气 挥发性有机物的测定 吸附管采样-热脱附/气相色谱-质谱法》

（3）水样品采样与检测（表 4-36）

表 4-36 水样测试参数的分析方法

分析参数	分析方法	方法来源
苯	HJ 639—2012	《地下水环境监测技术规范》（HJ 164—2020）

4.4.4 检测结果的分析与评价

4.4.4.1 修复效果评价

（1）土壤

修复后土壤中苯的最高浓度为 0.19 mg/kg，各点位浓度均修复达标，且大部分点位浓度为未检出，集成修复技术对苯系物等 VOCs 去除效果显著（表 4-37）。因此，土地的安全利用率达到 100%，达到了土地安全利用率 95% 以上的考核指标要求。

表 4-37 污染土壤修复效果评估（苯系物）   单位：μg/kg

深度	B1	B2	B3	B4	B5	B6	B7	B8	B9
2 m	121	85.0	ND	84.1	107	165	90.1	192	104
4 m	ND	ND	ND	ND	ND	ND	ND	ND	ND
6 m	ND	ND	ND	ND	ND	ND	ND	ND	ND
9 m	ND	ND	ND	ND	ND	ND	ND	ND	ND
10 m	ND	ND	ND	ND	ND	ND	ND	ND	ND
13 m	ND	ND	ND	ND	ND	ND	ND	ND	ND

（2）地下水

地下水中的污染物去除效果明显，运行 120 d 后，示范区内距循环井不同距离和深度的 4 组地下水监测井中的目标污染物浓度均为未检出，并且在 30 d 后，运行 150 d，再次检测，污染物浓度也均为未检出，污染物浓度保持稳定（表 4-38）。这说明本研究所开发的集成修复技术在处理京津冀地区焦化类污染场地地下水方面适用性强、效果好。

表 4-38 地下水修复效果评估 单位：μg/L

样品编号	修复前	运行 120 d	运行 150 d
GMW1-1	884	ND	ND
GMW1-2	545	ND	ND
GMW2-1	651	ND	ND
GMW2-2	302	ND	ND
GMW3-1	247	ND	ND
GMW3-2	302	ND	ND
GMW4-1	736	ND	ND
GMW4-2	279	ND	ND

4.4.4.2 绿色性效果评价

（1）废气

针对验证技术现场废气排口的大气污染物排放情况，进行了连续 3 批次样品采集及检测，每批次分别检测 VOCs（以非甲烷总烃计）、颗粒物、苯、二甲苯、萘的排放浓度或排放速率。检测结果如表 4-39 所示。由表 4-39 可知，在空气曝气-循环井-生物强化集成修复技术的应用过程中，有组织排放大气污染物中 VOCs（以非甲烷总烃计）、颗粒物、苯、二甲苯排放质量浓度及排放速率均低于《大气污染物综合排放标准》的相关排放限值要求，工艺废气均可达标排放。

表 4-39 固定污染源废气监测结果

检测指标		排放限值	样品 1	样品 2	样品 3
颗粒物	排放浓度/（mg/m³）	120	2.3	2.0	2.1
	排放速率/（kg/h）	3.5	0.000 43	0.000 37	0.000 39
非甲烷总烃	排放浓度/（mg/m³）	120	0.97	0.90	0.95
	排放速率/（kg/h）	10	0.000 18	0.000 17	0.000 18
苯	排放浓度/（mg/m³）	12	0.224	0.058	0.060
	排放速率/（kg/h）	3.5	0.000 042	0.000 011	0.000 011
二甲苯	排放浓度/（mg/m³）	70	0.009	0.005	0.011
	排放速率/（kg/h）	1.0	0.000 001 7	0.000 000 93	0.000 002 0

针对验证技术现场无组织排放废气，根据相关规定要求以及周边敏感点识别情况，在验证场地边界上风向、下风向、验证区域中心以及周边敏感点共设置了 5 个监测点位，并连续检测了 4 批次，分别检测 VOCs（以非甲烷总烃计）、颗粒物、苯和二甲苯污染物的排放质量分数。无组织排放检测结果如表 4-40 所示。由表 4-40 可知，验证技术应用过

程中厂界和周边敏感点大气污染颗粒物、VOCs（以非甲烷总烃计）、苯和二甲苯无组织排放的质量浓度均低于《大气污染物综合排放标准》的相关限值要求。

表 4-40　无组织废气监测结果　　　　　　　　　　　　　　单位：mg/m³

采样位置	颗粒物	苯	二甲苯	非甲烷总烃
排放限值	1.0	0.4	1.2	4.0
1# GCW 示范场地中心	0.186	0.457	0.052	0.73
	0.247	0.016 2	0.006 6	0.91
	0.265	0.009 5	0.052 1	0.73
	0.236	0.043 7	0.048 6	0.49
2# ERH 示范场地中心	0.200	1.180	0.781	0.73
	0.278	0.014 4	0.001 1	0.90
	0.258	0.014 4	0.004 9	0.51
	0.204	0.045 7	0.017 1	0.60
3# 示范场地边界上风向	0.194	0.060 5	0.010	0.74
	0.254	0.018 6	0.008 3	0.75
	0.229	0.024 3	0.012 0	0.52
	0.226	0.015 1	0.013 1	0.59
4# 示范场地边界下风向	0.167	0.026 9	0.001 9	0.83
	0.249	0.057 5	0.008 5	0.65
	0.249	0.030 4	0.001 6	0.49
	0.209	0.038 4	0.001 7	0.62
5# 示范场地周边办公区	0.170	0.012 6	0.041 5	0.92
	0.260	0.028 6	0.008 9	0.66
	0.247	0.029 2	0.008 3	0.63
	0.256	0.043 5	0.015 4	0.63

（2）噪声

针对示范场地现场情况，在示范场地边界处和周边敏感点处进行噪声检测。检测结果如表 4-41 所示，表 4-41 中的数据表明，在电阻加热-多相抽提-固化降解集成修复技术应用过程中，验证场地边界处及周边敏感点处噪声检测结果均低于《工业企业厂界环境噪声排放标准》中 4 类功能区昼间噪声限值 70 dB（A）和夜间噪声限值 55 dB（A）。

表 4-41　噪声监测结果

样品原标识	采样位置	风速/（m/s）	噪声源	监测时间	测量方法	单位	最大声级	L_{eq}
1#	ERH 示范场地南侧边界	1.4	车辆	14：13—14：23	GB 12348—2008	dB（A）	—	51

样品原标识	采样位置	风速/(m/s)	噪声源	监测时间	测量方法	单位	最大声级	L_{eq}
2#	GCW 示范场地南侧边界	1.4	车辆	14:14—14:24	GB 12348—2008	dB（A）	—	55
3#	示范场地周边办公区	1.4	车辆	14:39—14:49	GB 12348—2008	dB（A）	—	51
1#	ERH 示范场地南侧边界	1.8	车辆	22:01—22:11	GB 12348—2008	dB（A）	64	51
2#	GCW 示范场地南侧边界	1.8	车辆	22:02—22:12	GB 12348—2008	dB（A）	52	47
3#	示范场地周边办公区	1.8	车辆	22:17—22:27	GB 12348—2008	dB（A）	53	47

4.4.4.3 运行维护管理评价

（1）工艺运行参数

该耦合技术可根据污染类型分层次实施。所谓分层次即分为包气带和饱和带。针对包气带苯污染土壤采用 SVE，每次抽提 2 h，每日 6 次，运行 30～40 d，取样进行污染物检测。

针对饱和带采用空气曝气-循环井-生物强化降解技术处理地下水中的苯；通过对地下水进行持续曝气，曝气量 240 m³/h，确保地下水中的 DO 浓度达 5 mg/L 以上，循环井影响半径＞12 m；同时通过注入磷酸二氢钾，控制浓度在 1 mg/L 以上，加速微生物降解。运行过程中，抽提压力不高于−40 kPa，尾气处理流量大于 300 m³/h，设备及运行工况参数详见第三方检测机构——通标标准技术服务（天津）有限公司（SGS）出具的《空气曝气-循环井-生物强化集成设备检测报告》。

（2）处理规模

本验证评价案例所采用的空气曝气-循环井-生物强化修复系统，单批次可处理规模 1 000 m² 污染土和地下水，修复周期为 120 d。

（3）资源能源消耗

1）土壤修复资源能源消耗：空气曝气-循环井-生物强化修复系统运行过程中需消耗水、电、营养药剂等资源或能源，因此，对其资源能源消耗量进行核算。经核算，该技术处理 1 m³ 低浓度苯污染土壤耗电量为 2 kW·h；由于土壤中苯浓度较低，尾气处理所需的活性炭量可忽略不计；经核算，土壤的修复成本约为 32 元/m³，其中运行能耗主要来源于抽提风机，能耗成本约为 2 kW·h/m³。

2）地下水修复资源能源消耗：空气曝气-循环井-生物强化修复系统运行过程中需消耗水、电、营养药剂等资源或能源，因此，对其资源能源消耗量进行核算。经核算，该技术处理 1 m³ 低浓度苯污染地下水耗电量为 10 kW·h；由于地下水中苯浓度较低，尾气处理所需的活性炭量护理不计；运行过程中需要少量水用于溶解营养药剂——磷酸二氢钾，平均到单位地下水的用水量和药剂量可忽略；经核算，处理 1 m³ 苯污染土壤的建设、设备和运行成本分别约为 51 元、15 元和 26 元，合计约为 92 元。

4.4.4.4 结论

1）通过本次原位空气曝气-循环井-生物强化集成修复技术的技术验证，证实该技术是一种切实有效的焦化污染地块低风险/浓度区的修复组合技术。验证测试结果表明，该技术能够达到以下效果：对土壤和地下水中苯的修复效果均能达到修复目标值，修复后达标率为 100%，达到了土地安全利用率 95% 以上的考核指标要求，且不会对周边土壤产生二次污染；修复过程中产生的废气、废水、噪声等，其污染物排放参数均低于相应专项标准的排放限值；经核算，采用原位空气曝气-循环井-生物强化集成修复技术每处理 1 m³ 污染土壤耗电量约为 2 kW·h，处理 1 m³ 污染土壤的总成本约为 32 元；处理 1 m³ 污染地下水耗电量约为 10 kW·h，处理 1 m³ 污染地下水的总成本约为 92 元。

2）验证测试结果表明，原位空气曝气-循环井-生物强化集成修复技术不仅能够有效降低焦化污染场地土壤和地下水中苯的浓度，同时修复过程中污染物排放达标，资源能源消耗较少，修复成本较低，环境效益和社会效益显著，可应用于京津冀地区焦化污染地块，为修复我国京津冀地区焦化污染地块提供技术储备。

3）本验证结果进一步表明，环境技术验证评价能够为土壤修复新技术（组合技术）的应用推广提供有效助力，其科学、客观的评价方法能够使更多的土壤修复新技术得到公平、公正的评价，从而有效促进新技术的推广应用。

第 5 章　环境技术验证评价结果的应用

5.1　环境技术验证评价的意义

技术评估是科技成果转化的首要环节，可以全面准确反映成果创新水平、转化应用绩效和对经济社会发展的实际贡献，技术评估的结论直接关系到生态环境技术转化推广的二次开发、技术交易、产业孵化等关键环节的工作开展和技术发展方向，着力强化成果高质量供给与转化应用。在已完成的对生态环境各领域污染治理技术评估的研究中，面向成果转化的技术评估研究较少，尚未建立健全相应评估技术规范体系，因而无法有效保障评估结果的一致性和可比性；现有评估方法对各不同领域技术的适用性不强，无法有效支撑现阶段生态环境管理、地方污染治理需求。

生态环境保护既是重大经济问题，也是重大社会和政治问题，具有公益性、专业性和政策驱动性的特点。技术验证是科技成果转化的入口，是明确科技成果的技术性能、经济优势、应用效果、适用条件并验证科技创新的重要手段之一，同时技术验证的结果又对技术的更新迭代、创新发展起着指导作用，是开展生态环境技术管理与推动科技成果转化的关键途径和重要抓手。制定土壤修复领域评估技术的标准规范，是完善环境技术评估体系和成果评价机制、促进科技成果转化应用的重要内容。

技术验证为新技术新设备的推广提供了客观系统的第三方依据，为技术方、建设方节约了大量的测试、考察、沟通成本。通过环境技术验证（ETV）制度的确立与实施，确立用 ETV 评估引导环境技术市场，提高环境投资成效来促进科技创新的理念。借鉴国外环境技术管理实践经验，运用 ETV 评估引导环境技术市场，提高环境投资成效来保护环境的新思路，引导环保市场健康科学发展。

5.2　为新技术推广应用提供客观依据

技术验证评价成果一般包括第三方技术评价单位独立编写完成的环境保护技术验证

评价报告、环境保护技术验证声明、中国环境科学学会颁发的中国环境技术验证证书，具体见图 5-1。

图 5-1　中国环境技术验证证书

此外，中国环境科学学会可通过官方途径将已完成的 ETV 项目情况进行发布公示，强化创新技术宣传推广效果，如图 5-2 所示。

图 5-2　ETV 项目公示宣传

更为重要的是，开展 ETV 的技术持有者，在完成 ETV 验证评价工作后，其所持有的技术，可被中国环境科学学会授权使用 ETV 官方标识，从而对其技术的环境效果、创新效果予以直观认证，在后续的应用推广过程中，起到直接支撑作用。ETV 标识如图 5-3 所示。

图 5-3　ETV 标识

根据技术验证评价结果，推荐环境技术纳入生态环境部《污染场地修复技术目录》、生态环境部《重点环保实用技术及示范工程》、国家发展改革委《绿色技术推广目录》、工信部《国家鼓励发展的重大环保极少数装备目录》等省部级目录，进一步拓展创新技术的宣传推广路径，强化后续创新技术的转化应用。

5.3　验证评价结果的推广

目前，国内开展土壤修复技术验证评价的机构主要有生态环境部环境发展中心、生态环境部对外合作与交流中心、中国环境保护产业协会、中国环境科学学会等，主要通过技术持有人申请、专家评审、平台公示（录入名单、颁发奖项）等方式开展 ETV 评价工作，验证评价结果的推广主要通过形成技术名录、开展技术奖项评审等。其中生态环境部科技与财务司组织编制了《国家先进污染防治技术目录》，中国环境科学学会为"环境保护科学技术奖"评审组织实施单位，中国环境保护产业协会为"环境技术进步奖"评审组织单位，并组织编制年度《生态环境保护实用技术装备和示范工程名录》。以下就应用较广泛的《生态环境保护实用技术装备和示范工程名录》进行简要介绍。

生态环境保护实用技术装备和示范工程推广工作始于 1991 年，是生态环保企事业单位推广新技术、新装备、新材料、新案例的重要窗口，以及各级生态环保部门和排污企业选用先进适用技术、装备和材料的重要平台。项目申报采用第三方推荐、专家审核制，推荐单位主要包括生态环境部直属单位、全国性行业协会、地方环境保护产业协会、中国环境保护产业协会分支机构及有关单位，推荐单位对申报项目进行初审后，将审核推荐意见及材料送至中国环境保护产业协会组织专家审核，最终形成《生态环境保护实用技术装备和示范工程名录》。

生态环境保护实用技术装备和示范工程包括生态环境保护实用技术、生态环境保护实用装备和生态环境保护示范工程。实用技术指在一定时期内，同国家生态环境保护需求和经济发展水平相适应的先进适用生态环境保护技术，包括污染防治、碳减排、生态环境修复、资源综合利用、环境监测及智慧化环境监控管理等领域的技术。实用装备指在一定时期内，同国家生态环境保护需求和经济发展水平相适应的先进适用生态环境保护装备，包括污染防治、碳减排、生态环境修复、资源综合利用、环境监测及智慧化环境监控管理等领域的装备和材料。示范工程指采用先进生态环境保护技术、装备、材料或创新服务模式，具有示范推广意义的工程，包括污染防治工程、生态修复工程、资源综合利用工程、碳减排及生态环境综合治理工程。范围覆盖生态环境保护领域各类技术、装备、材料及工程。

《生态环境保护实用技术装备和示范工程名录》形成后，对入选项目开展全方位的宣传推广，包括：

1）为项目入选单位颁发证书；

2）在中国环境保护产业协会官网、官微宣传入选技术装备和工程；

3）项目进入中国环境保护产业协会先进技术案例库，开放检索，促进推广应用；

4）编制年度先进技术案例宣传册，送生态环境部各司局、各地方生态环境管理部门和工业园区管委会；

5）推荐参与生态环境部、国家发展改革委、工信部、科技部等部委的先进技术推广工作，推荐参与国家知识产权局的"中国专利奖"申报等；

6）通过中国国际环保展览会、生态环保产业创新发展大会、协会各分支机构专业论坛、《中国环保产业》杂志等宣传推广；

7）组织现场会、推广会等定制化的推广交流服务。

在土壤污染防治相关的实用技术领域，2020—2022 年共征集到 30 项土壤污染风险管控与修复技术，其中 19 项入选《生态环境保护实用技术和示范工程名录》。30 项申报技术中，有 14 项属于化学氧化还原、固化/稳定化热脱附技术，占比为 46.7%，属于国内应用频次较高的传统技术。从趋势来看，2020 年有 7 项申报技术属于传统技术，占比为 63.6%；2021 年有 4 项申报技术属于传统技术，占比为 44.4%；2022 年有 3 项申报技术属于传统技术，占比为 30%；总体呈现传统技术申报占比逐渐降低，创新技术申报占比逐年增加的趋势。

　　2023 年 8 月 22 日，生态环境部发布《生态环境技术评估指南（征求意见稿）》，该征求意见稿提出，生态环境技术评估工作程序主要包括评估准备、实证调查和评估分析 3 个阶段，除实证调查阶段外，中国环境保护产业协会开展的重点生态环境保护实用技术和示范工程推广工作流程基本与指南一致，均采用委托方提出申请、准备材料、专家评估的方式开展，不同的是指南要求的实证调查由评估方开展现场调查与数据收集、实验室检测，而重点生态环境保护实用技术和示范工程推广工作则由委托方提供实证数据。两者最大的差异在于实证调查需要费用较高，如按照《生态环境技术评估指南（征求意见稿）》开展技术评估，需实行由委托方（技术持有者）付费的方式，而中国环境保护产业协会对于案例的征集和推荐不收取费用，难以开展现场调查与数据收集、实验室检测工作。根据相关调研结果，技术持有人一般均为企业，企业以追求利润为目标，对于成本投入高、收益效果不明显的项目，企业不愿投入资金。因此，按照《生态环境技术评估指南（征求意见稿）》的模式开展技术评估在国内鲜有实际案例，中国环境保护产业协会的案例征集和推荐模式是目前开展生态环境技术评估较为可行的方式。

第6章 结论与建议

6.1 结论

目前，我国 ETV 评价指标体系、评估方法，以及制度建设等均处于探索推广阶段，编制组依托国家重点研发计划课题，积极探索了土壤修复领域技术验证评价指标体系与方法，编制完成了《焦化污染地块修复技术验证评价技术规范》（T/CPCIF 0197—2022）。该规范构建了我国焦化污染地块土壤修复领域技术验证评价指标体系，提出了现场测试要求、验证评价方法等关键技术要求，填补了技术验证评价方法在土壤修复领域中的应用空白，为土壤修复领域新技术提供了科学、客观的评价方法，将有助于推动我国土壤修复行业的发展，筛选出绿色低碳可行的土壤修复或风险管控新技术或者组合技术，并开展了多项技术验证案例研究，验证了方法的可操作性。同时，编制组积极探索将技术验证评价与我国《生态环境保护实用技术装备和示范工程名录》等省部级名录进行有效衔接，为我国筛选实用技术提供科学客观依据。

选取"十四五"期间所取得的部分标志性产业化应用新技术成果，开展验证工作，进一步深入探索与现行环境管理制度的结合，为环保科技创新提供有效的技术支持。同时，建立与国际接轨的环境技术评价体系与制度，有助于我国环保技术和产业参与国际竞争，增加国际话语权，对推进我国环保产业"走出去"具有现实意义。

6.2 建议

我国正在建设的 ETV 制度是环境技术评估体系的重要组成部分，实际上就是一种现场实证评估，主要用于新研发技术的验证评估。近几年的工作实践和案例表明，ETV 制度的实施，能客观反映污染防治工艺技术及其设备性能，从而为环境污染防治技术的科学评估提供依据。因此，开展新技术新装备的实际效果验证评估是我国建设 ETV 技术评估制度的核心，也是目前许多引进技术、新兴技术在推广或实际应用过程中的重要一环。

为进一步加强我国土壤修复领域的技术验证评价的成效，提出以下几点建议：

（1）建议针对土壤修复领域建立技术验证评价机构名单和专家库

中国环境科学学会目前已经有 30 多家 ETV 联盟成员单位，包括科研院所、高校、分析检测机构、各级环境管理部门等。在 ETV 标准框架下，依托 ETV 联盟成员单位的技术力量，目前我国开展的技术验证评价案例超过 30 项。由于土壤污染的复杂性、隐蔽性和累积性，以及土壤修复和风险管控技术的专业性，为了进一步加强我国技术验证成果的权威性，建议针对土壤修复领域建立技术验证评价机构名单，设定评价机构准入门槛，在名单内的机构方能作为第三方机构开展技术验证评价工作。同时，由于土壤修复是专业性与经验性并重的领域，有丰富实操经验的专家在技术验证评价工作中能起到举足轻重的作用，建议对土壤修复领域有针对性地建立技术验证评价专家库。

（2）探索政府经费保障措施

验证费用是影响企业参加验证评估积极性的主要原因，以美国为例，财政全额负担阶段，验证数量最高时每年达 60 多项，而转为技术持有者支付测试费用后的 2008—2010 年平均验证技术数量仅为 8 项左右。日本的发展情况也呈类似的趋势。因此，我国应鼓励地方生态环境主管部门加大针对地方治理需求开展的相关技术评估所需费用的财政资金支持比例，以保障评估结果的公益性和权威性。其他技术评估费用，由评估委托方根据技术评估工作的复杂程度和具体内容，与第三方技术评估机构约定，保证技术评估市场的灵活性和技术评估活动规范开展。

（3）加强宣传力度，增强业内对技术验证评价的认可度

目前，依托国家重点研发计划等课题，多家单位已经积极探索技术验证评价在土壤修复领域的应用，且已经发布《焦化污染地块修复技术验证评价技术规范》（T/CPCIF 0197—2022）、《有机污染地块修复技术验证评价技术规范 多相抽提》（T/ACEF 114—2023）等团体标准，得到了行业内的认可。建议进一步加强对技术验证评价成果的宣传，扩大行业内对技术验证评价结果的认知和认可程度，并将技术验证评价结果应用至申报国家各级科技奖励、推动科技成果转化技术交易和产业孵化过程，以及纳入生态环境部《污染场地修复技术目录》、生态环境部《重点环保实用技术及示范工程》、国家发展改革委《绿色技术推广目录》、工信部《国家鼓励发展的重大环保极少数装备目录》等省部级目录，作为技术评估的一项重要手段。

（4）充分发挥 ETV 评价的作用和效果，规范环境技术市场

首先应进一步促进 ETV 制度与其他政策制度之间的协调配合，明确 ETV 制度在科技成果转化绩效评价体系的作用和效果；同时，应进一步发挥 ETV 评价在技术持有者和使用者之间的桥梁纽带作用，提高 ETV 评价的投资成效，规范环境技术市场，提升我国环保技术和产业参与国际环境市场竞争力。

（5）建立技术验证专用官方网络平台

信息透明是 ETV 计划客观可信最为重要的一点，是加速市场化重要的一步。当技术的信息可便利获取时，技术的购买方才能快速地对环境技术进行比对，进而有效地促进新兴技术进入市场，达到环境技术验证的最初目的。建议探索建立一个 ETV 专用官方网络平台，独立于验证相关机构网站，包含 ETV 所需的所有功能。如供应商可在这个平台上提交验证申请，查看验证状态；ETV 管理机构可通过这个平台向公众发布有关 ETV 的信息，包括资助信息、申请条件、验证制度的变化，公示所有通过验证的环境技术，对过期和违反 ETV 使用许可的技术及时进行通报等；利益相关方可以通过平台查看已经通过验证的技术及其相关资料，或对违规行为进行举报等，加强我国技术验证的信息公开透明度，并开放公众参与窗口，通过实际操作过程中的反馈进行迭代，最终形成兼具权威性与方便性的技术验证官方网络平台。

（6）建立健全技术验证评估信用体系

建立健全技术验证失信记录，开展对技术验证各主体的信用管理，推进技术验证诚信建设。将技术持有者、技术使用方和第三方评估机构及三方单位的相关负责人员在技术验证工作中因违法违规、失信违约、重大失误等被司法判决、行政处罚、纪律处分、问责处理等信息纳入失信记录，并依托平台网站等依法依规予以公开。鼓励各级生态环境主管部门针对环境污染治理和生态保护与修复的热点和难点问题，组织委托第三方评估机构开展技术验证工作，比选确定易推广、成本低、效果好且绿色低碳的先进适用技术与服务清单，并优先采信技术能力强、综合水平高、信用良好的第三方评估机构的技术评估结果。

参考文献

[1] 陈梦舫. 我国工业污染场地土壤与地下水重金属修复技术综述[J]. 中国科学院院刊, 2014, 29（3）: 327-335.

[2] 楼春, 钟茜. 焦化厂场地土壤污染分布特征分析[J]. 中国资源综合利用, 2019, 37（4）: 177-179.

[3] 刘平, 王睿, 韩佳慧, 等. 我国环境技术验证评价制度建设探析[J]. 环境保护科学, 2014, 40（2）: 86-89.

[4] 冯钦忠, 陈扬, 刘俐媛, 等. 医疗废物高温干热处理技术应用案例研究[J]. 环境工程, 2017, 35（增）: 438-443.

[5] 刘平, 邵世云, 王睿, 等. 环境技术验证评价体系研究与案例应用[J]. 中国环境科学, 2014, 34（8）: 2161-2166.

[6] 杨颖显, 王文冬. 环境技术验证（ETV）研究[J]. 黑龙江科技信息, 2013（27）: 99.

[7] 中国环境科学学会. 国内首例 ETV 验证案例完成: 水蚯蚓原位消解污泥技术[EB/OL]. [2013-04-15]. http://www.chinacses.org/zxpj/jsyz/gzdt_153/201304/t20130415_633891.shtml.

[8] 曹云霄, 陈伟星, 于晓东, 等. 环境技术验证在医疗废物消毒处理领域的应用——以摩擦热处理技术为例[J]. 环境工程学报, 2021, 15（9）: 2985-2995.

[9] 张靖宜. 国外环境技术验证评价费用分担机制对我国的启示[J]. 环境保护与循环经济, 2016, 36（4）: 70-73.

[10] 陈扬, 冯钦忠, 刘俐媛, 等. 中国环境技术验证评价现状及发展[J]. 环境保护科学, 2021, 47（3）: 7-12.

[11] 秦海岩, 王磊, 孙天晴. 欧洲环境技术验证制度对中国碳减排技术认证的启示[J]. 中国人口·资源与环境, 2012, 22（S2）: 26-30.

[12] 张靖宜. 关于建立环境技术验证评价基金的构想[J]. 环境保护与循环经济, 2017, 37（6）: 64-66.

[13] 冉崇霖, 吴婧, 张一心, 等. 环境技术评价与验证制度的国际互认[J]. 未来与发展, 2020, 44（1）: 17-23.

[14] 王金梅, 王睿, 王乃丽, 等. 试论环境技术验证评价制度的作用和特点[J]. 中国环保产业, 2018（12）: 31-34.

[15] 中国石油和化学工业联合会. 关于批准发布《绿色设计产品评价技术规范氯化聚乙烯》等 14 项团体标准的公告（2022 年第 02 号）[EB/OL]. [2022-04-14]. http://www.cpcif.org.cn/detail/2b33179d-

ad6a-4e3a-84c1-5dda494fdf44.

[16] AZIZAN N A，KAMARUDDIN S A，CHELLIAPAN S. Steam-enhanced extraction experiments，simulations and field studies for dense non-aqueous phase liquid removal：a review[J]. MATEC Web of Conferences，2016，47：05012.

[17] 王澎，王峰，陈素云，等. 土壤气相抽提技术在修复污染场地中的工程应用[J]. 环境工程，2011，29（S1）：171-174.

[18] CHEN L W，HUA X，CAI T，et al. Degradation of triclosan in soils by thermally activated persulfate under conditions representative of in-situ chemical oxidation（ISCO）[J]. Chemical Engineering Journal，2019，369：344-352.

[19] 陈星，宋昕，吕正勇，等. PAHs 污染土壤的热修复可行性[J]. 环境工程学报，2018，12（10）：2833-2844.

[20] STROO H F，LEESON A，MARQUSEE J A，et al. Chlorinated ethene source remediation：Lessons learned[J]. Environmental Science & Technology，2012，46（12）：6438-6447.

[21] EPA. Horizontal Remediation Wells [EB/OL]. [2020-06-16]. http：//clu-in.org/techfocus/default.focus/sec/horizontal_remediation_wells/cat/overview/.

[22] 国家市场监督管理总局,国家标准化管理委员会. 环境管理　环境技术验证：GB/T 24034—2019[S]. 北京：中国标准出版社，2019.

[23] 生态环境部. 污染地块风险管控与土壤修复效果评估技术导则（试行）：HJ 25.5—2018[S]. 北京：中国环境出版社，2018.

[24] 生态环境部. 土壤环境质量　建设用地土壤污染风险管控标准（试行）：GB 36600—2018[S]. 北京：中国环境出版社，2018.

[25] 环境保护部. 土壤环境监测技术规范：HJ/T 166—2004[S]. 北京：中国环境科学出版社，2004.

[26] 生态环境部. 地下水质量标准：GB/T 14848—2017[S]. 北京：中国环境出版社，2017.

[27] 国家环境保护局. 大气污染物综合排放标准：GB 16297—1996[EB/OL].（1997-01-01）. https://www.mee.gov.cn/ywgz/fgbz/bz/bzwb/dqhjbh/dqgdwrywrwpfbz/199701/t19970101_67504.shtml.

[28] 国家环境保护局,国家技术监督局. 恶臭污染物排放标准：GB 14554—1994[EB/OL].（1994-01-15）. http：//www.mee.gov.cn/ywgz/fgbz/bz/bzwb/dqhjbh/dqgdwrywrwpfbz/199401/t19940115_67548.shtml.

[29] 国家环境保护局. 污水综合排放标准：GB 8978—1996[EB/OL].（1998-01-01）. https://www.mee.gov.cn/ywgz/fgbz/bz/bzwb/shjbh/swrwpfbz/199801/t19980101_66568.shtml.

[30] 环境保护部,国家质量监督检验检疫总局. 工业企业厂界环境噪声排放标准：GB 12348—2008[S]. 北京：中国环境科学出版社，2008.

附　录

附录 1　2020—2022 年《生态环境保护实用技术装备和示范工程名录》（土壤污染防治使用技术领域）

附表 1　2020 年实用技术申报及入选推荐情况

序号	技术名称	技术简介	是否入选
1	履带式土壤稳定化修复设备	通过对重金属污染土壤加入某一类或者几类固化/稳定化药剂，经过混拌机构充分混拌，添加药剂与土壤中的有毒重金属形成相对稳定性的形态，限制土壤重金属的释放，实现对土壤的修复	是
2	油泥一体化处置技术装备	通过不同单元的撬组装而成，处置工艺以"减量化-高温淋洗-固液分离"为主，通过高温淋洗的方式将油泥污染因子进行有效淋洗，后端通过移动式污水处理装置将淋洗过后的污水进行处理后重新循环使用	否
3	有机污染场地高效循环注射处理技术	通过构建注射-抽提循环处理系统，针对非水相液体和高浓度污染地下水，采用抽出设施快速降低地下有机污染物含量；针对中低浓度有机物污染地下水，原位注入氧化剂或还原剂，实现有机污染物的降解；针对残留吸附态有机污染物或修复过程地下水污染物浓度拖尾问题，原位注入增溶剂，促进污染物的解吸溶解，然后进行原位氧化/还原注射处理，有效克服传统化学氧化/还原修复拖尾、浓度反弹的工程难题，最终完成有机污染场地的修复	是
4	有机污染土壤热强化异位通风处理技术及一体化装备	本技术使用一种蒸馏处理土壤污染物的装置，通过高温高压蒸汽，将注入清洁水的土壤进行蒸馏，使得土壤中芳香烃和苯类污染物经过蒸馏进入收集装置中，集中收集和处理，可以方便有效地去除土壤中的挥发性和半挥发性复合污染	是

序号	技术名称	技术简介	是否入选
5	重金属污染土壤稳定化复合药剂	通过将改性处理后的无机型缓释材料与速效型稳定化药剂复合,形成长效重金属稳定化复合药剂,可以显著降低土壤中重金属离子的迁移性或生物有效性。修复后土壤在自然界堆放过程中,药剂将不断缓慢释放有效成分,与周边游离态重金属离子进行化学反应,形成沉淀物,从而实现复合药剂对土壤重金属的长期稳定化作用	否
6	石油化工污染土壤热脱附修复技术	本技术包括脱附系统、分离系统、高温氧化系统、冷却系统、除尘系统 5 部分。污染土壤在进脱附系统前,通过转窑进料口前的振动筛进行筛选,去除大的固体垃圾,便于进行脱附。脱附完毕后有毒有害气体进入分离系统,进行固气分离,减少排出的气体中的固体粉尘量;脱附系统进行无氧处理,有些有机物不能充分燃烧氧化,在经过分离系统分离后进入高温氧化系统进行有氧燃烧,进一步处理降低气体中有毒有害物质量,经高温氧化系统燃烧后的气体经冷却系统冷却降温后,进入除尘系统再一次进行除尘,除尘后的气体达到排放标准从排尾气管排出	否
7	MetaCon®广谱型重金属修复材料	MetaCon®广谱型重金属修复材料由黏土矿物材料、生物质材料、氧化剂/还原剂、吸附剂、pH 调节剂等组分构成,通过与污染介质中重金属离子发生吸附(物理吸附和化学吸附)、沉淀(共沉淀)、络合、类质同象取代和氧化还原反应等一系列物理化学作用,实现对多种重金属复合污染的同时高效稳定化	是
8	污染土壤与地下水原位传导式电加热脱附修复技术	原位传导式电加热脱附修复技术结合了加热和负压的方法,由垂直(或倾斜)阵列加热棒以热传导的方式伴随真空抽提,电加热原件最高运行温度可达 800℃,热量通过土壤进行传递,可将污染区域加热至几百摄氏度。挥发性、半挥发性和不挥发性有机污染物通过一系列的蒸发、蒸馏、沸腾、氧化和高温分解等过程挥发或被处理掉。被蒸发的水和有机污染物、挥发性的无机物,都可以从加热-抽提井中被收集	是
9	强化-多相抽提技术在有机污染土壤/地下水修复中的应用	本技术是在多相抽提前通过注射系统向土壤中添加特定的土壤活化剂与土壤反应,强化促进土壤中被吸附的、溶解态的污染物从固相土壤中转移到气相。再通过多相抽提将气态污染物抽出,最后再通过注射系统向土壤中加入氧化剂与剩余污染物反应,并通过抽提系统辅助强化氧化剂在污染土壤中的流动,彻底去除土壤中的污染物	否

序号	技术名称	技术简介	是否入选
10	MetaPro®特异型重金属修复材料	MetaPro®特异型重金属稳定化修复材料针对污染浓度大的单一重金属污染而设计研发，分为 MetaPro®-cat 阳离子型和 MetaPro®-ani 络阴离子型两种主要类型。其中，MetaPro®-cat 阳离子型重金属修复材料是针对以 Pb、Cd、Ni、Hg、Cu、Zn、Mn 等阳离子形式存在的重金属污染介质，其主要成分为改性矿物质材料和生物质材料，主要通过溶解-沉淀、物理化学吸附、离子交换吸附、络合等作用实现对 Pb、Cd、Ni、Hg、Cu、Zn、Mn 等阳离子型重金属污染物的高效稳定化。 MetaPro®-ani 络阴离子型重金属修复材料是针对以 AsO_3^-、SbO_3^-、CrO_4^{2-}、MoO_4^{2-} 等含氧酸根阴离子形式存在的重金属污染介质，其主要由具有特殊孔道结构且表面携带能与重金属发生配体交换的基团和高密度活性吸附点位、具有调节金属价态的氧化/还原物质组成，可实现对含氧酸根阴离子型重金属的高效稳定化	是
11	MetaFarm™ 农田重金属钝化材料	MetaFarm™ 农田重金属钝化材料针对农用地土壤中 Pb、Cd、As、Cu、Zn、Hg、Ni、Cr 等单一或多种重金属复合污染而设计，主要成分为生物质材料、改性矿物材料及酸碱调节剂、土壤改良剂和营养组分，主要通过 Si 基、Ca 基、Mg 基等多基团的吸附、沉淀、络合等一系列物理化学作用，降低农田重金属的生物有效性，实现农田土壤中重金属的高效钝化；同时能够改善土壤结构、提高土壤养分供蓄能力、增加土壤有机质，保证农作物产量的同时减少重金属在农作物中的富集作用	是

附表2 2021 年实用技术申报及入选推荐情况

序号	技术名称	技术简介	是否入选
1	全液压直推式弱扰动原位智能采样技术	本技术是专门用于土壤修复行业中土壤的取样调查技术。通过直推式连续密闭弱扰动采样技术、原位实时快速检测技术、多地形智能化无人值守控制系统和远程物联大数据管理系统的技术耦合，实现连续弱扰动的取样功能、原位快速 VOCs 检测功能，实现无人化作业和远程物联大数据管理，可以应对恶劣环境复杂地形下的土壤取样调查作业	是
2	有机污染场地原位电流加热热脱附技术	通过多功能井将导电电极布设在有机污染区域的指定深度区间内，以大地为天然导体，利用自动化分级调变的电力控制系统控制电流在电极之间靶向传输，将不同深度的污染土壤和地下水加热至目标温度，有选择地促使污染物汽化、挥发、溶解、分解或被微生物降解；同时，通过多相抽提系统将混有污染物的气体和水蒸气的气水混合物抽出地下并输送至尾气、尾水处理系统集中处置。通过监控系统反馈地层温度、尾气尾水处置情况等运行参数至中央控制系统，及时调控电力输入及配套设备运行，充分保障修复效果。修复场地一般铺设地表密封系统，避免污染物受热挥发逸散至地表以上，以防控二次污染	是
3	有机污染场地气相抽提-生物强化两段式处置技术	在污染土堆中按一定顺序排布抽提井和注气井，利用风机、真空泵等设备抽取土堆中的土壤气，降低土堆内部气压，促进土壤中挥发性有机物的解吸。同时，辅以注气工艺，在土壤中形成气流，加速污染土壤气的运移。在处置后期，往土堆中喷洒菌剂和营养剂，促进降解菌对土壤中残余有机污染物的降解，解决污染物浓度"拖尾"问题，最终实现土壤有机污染物含量达标	是
4	燃气热脱附土壤地下水修复技术	以燃气燃烧为热源，通过热传导方式使土壤温度升高到目标温度，热脱附的目标加热温度根据共沸原理确定。通过加热土壤，显著增加土壤污染物的蒸气压，增强污染物的固气液三相转换，使污染物从土壤中解吸脱附，转变成液相和气相，通过负压多相抽提，将污染蒸汽和液体抽提至地面，分别经废气和废水处理达标排放，实现污染土壤地下水治理的目的。加热井周围的土壤高温区，污染物发生分解、氧化以及水解等物理化学现象，进一步加快污染物的去除速度	是

序号	技术名称	技术简介	是否入选
5	重金属污染土壤固化/稳定化处理装备	污染土壤由工程机械送至料斗内，然后经输送机送至破碎装置内，对污染土壤中的大块土壤进行破碎，同时开启固体加药系统或液体加药系统，向污染土壤中添加固化剂/稳定化剂，药剂与污染土壤在搅拌装置内均匀混拌并停留一定时间，实现药剂与土壤的充分混合，使其与污染介质、污染物发生物理、化学作用，将污染土壤固封为结构完整的具有低渗透系数的固化体或将污染物转化成化学性质不活泼形态，降低污染物在环境中的迁移和扩散。之后由工程车转运至指定场所进行养护，定期检验修复效果，达到修复目标后的土壤可进行资源化综合利用或填埋处置	是
6	有机污染场地水力循环复合还原-氧化修复技术	本技术采用搅拌或高压旋喷等方式向土壤或地下水的污染区域注入自主研发药剂，通过先还原后氧化使土壤或地下水中的污染物转化为无毒或相对毒性较小的物质。针对一般有机污染土壤：使用自主研发活化过硫基药剂，将有机物（RH）进行脱链降解最终生成小分子无毒性物质；针对超高浓度有机污染土壤，使用小分子有机酸和螯合剂改良的 Fenton 试剂和活化过硫酸盐药剂进行复配修复，形成双氧化系统增强氧化能力降解有机污染物	否
7	氧化钙活化过硫酸钠异位化学氧化修复技术	通过向土壤中添加过硫酸钠及氧化钙，采用氧化钙对过硫酸钠进行激活，活化后的过硫酸钠产生羟基自由基，羟基自由基具有较高的氧化点位，可与污染土壤中的有机物发生化学氧化反应，生成无毒物质，达到降低污染物浓度的目的	否
8	重金属污染耕地土壤钝化+叶面阻控立体式安全利用技术	本技术主要利用自主知识产权的药剂（"楚戈"土壤重金属修复剂和叶面阻控剂）为载体钝化土壤重金属，降低其活性；原位钝化技术使用沉淀反应、微孔吸附、离子拮抗、中微量营养平衡等多重原理，性质温和，不会破坏土壤结构和土壤生态系统；叶面阻控技术结合硅、硒等多种抑镉因子，可以有效抑制镉在农作物植株中的迁移转化；从土壤到作物立体式发力，保证重金属污染耕地安全利用，并提高农作物抵抗能力和降低农作物对重金属的吸收	是
9	污水检查井渗漏内衬修复技术	本技术采用密封和阻隔的原理，用一种防渗材料把检查井壁和井底完全密封，使进入井内的污水无法渗漏到井体之外，起到污染物渗漏阻隔的效果，达到保护环境的目的	否

附表3 2022年实用技术申报及入选推荐情况

序号	技术名称	技术简介	是否入选
1	基于数字孪生的在产企业土壤环境管理平台	"数字孪生"是指充分利用物理模型和物联网传感器采集的全生命周期的运行历史数据，集成多学科、多物理量、多尺度、多概率的仿真过程，在虚拟空间中完成映射，从而反映相对应的实体对象的全生命周期过程。其核心是一种物理空间与虚拟空间的虚实交融、智能操控的映射关系，通过在实体世界以及数字虚拟空间中，记录仿真、预测对象全生命周期的运行轨迹，实现系统内信息资源物质资源的最优化配置。土地资产"数字孪生"全生命周期管理以 GIS 系统为基础框架形成生态环境信息"一张图"，融合无人机倾斜摄影，对重点监管企业进行高精度实景三维建模，建立空-天-地一体化模型，以自动监控为非现场监管的主要手段，推行视频监控和地下水在线监测等物联网监管手段，监管部门通过在线监测获取相关数据，全覆盖、全天候、全自动监测，真正做到既无时不在又无事不扰，可逐步实现重点监管安全非现场智能化监管	否
2	有机污染场地原位化学氧化和智能化控制修复技术	本技术采用搅拌或高压旋喷等方式，根据污染物浓度梯度分批次分种类向土壤或地下水的污染区域添加缓释、高效的氧化药剂，最终达到氧化降解效果。针对一般（超过 GB 36600 标准筛选值 0～2 倍）有机污染土壤和地下水：使用自主研发的碱活化过硫基药剂；针对超高浓度（超过 GB 36600 标准筛选值 2 倍以上）有机污染土壤和地下水：使用小分子有机酸和螯合剂（EDTA-2Na）改良的 Fenton 试剂和活化过硫酸盐药剂进行复配修复，利用活化释放的（OH·）和（SO_4^-·）自由基组成多自由基团，形成双氧化系统增强氧化能力降解有机污染物。在修复施工过程中，利用水环境中多源混合噪声监测参数通过模型算法获取最优工艺运行条件，在将污染物转化为无毒或相对毒性较小的物质的同时，实现修复过程与工艺的智能化控制	是
3	湿法投加氧化剂的土壤异位化学氧化技术	异位化学氧化技术是一种快速而有效的有机污染物降解方法，常用的氧化剂有高锰酸钾、Fenton 试剂、过硫酸盐和臭氧等，其中过硫酸钠应用广泛。本技术将氧化剂过硫酸钠配制成溶液后投加，混匀程度高，药剂更容易抵达土壤颗粒内部，提高药剂利用效率，减少药剂用量，且添加活化剂的方式多样化。过硫酸钠溶于水后，分解可生成新的活性物质——硫酸盐自由基，其氧化能力超过了过硫酸盐本身，硫酸盐自由基的半衰期较长（4 s，40℃），可以更充分地与污染物接触。当加入适当的活化剂时，硫酸根自由基会在碱性环境下生成羟基自由基·OH（E_0=2.8 V），能够氧化处理较难降解的物质，达到更好的土壤处理效果	是

序号	技术名称	技术简介	是否入选
4	复杂有机污染场地燃气加热原位热脱附治理技术	在复杂有机污染场地中，设置加热井、抽提井、尾气处理设备等，在加热井中，通入天然气或液化石油气，同时通过抽风机产生的负压将清洁空气吸入，在燃烧器内混合，点火燃烧，产生高温气体。高温气体注入加热井中，通过热传导方式加热目标修复区域，使得土壤温度升高至修复目标温度。在加热过程中，污染物从土壤中解吸出来或者发生裂解反应，此时借助抽提井将含有污染物的蒸气抽提至地表，然后进入后续的尾气治理系统，达到污染物去除的目的，最终实现达标排放	是
5	有机污染场地气味抑制设备	有机污染场地气味抑制设备，是一种可将气味抑制剂高倍泡沫化的专用设备，该设备将产生的气味抑制剂泡沫喷洒在污染土壤表层，可形成致密泡沫状的覆盖层有效阻止有害气体的逸散，同时气味抑制剂泡沫比表面积较大，更为容易吸附挥发性或半挥发性的有机物污染气体分子	否
6	污染场地受污染建筑渣块一体化快速清洗及资源化利用系统	对于污染场地中的砖石、混凝土等受污染建筑渣块，污染物多黏附于其表面，如不妥善处理可能随渣块转移造成新的污染。本工艺采取滚筒机械解泥和高频振动清洗相结合的分级清洗工艺，具有可连续化，可针对不同粒径的渣块进行分级清洗，清洗效果更佳的特点，尤其对于黏土附着的渣块，可采用滚筒机械解泥实现黏土矿物与渣块颗粒的有效剥离，高频振动清洗设备可实现渣块不规则立面的有效清洗，以防渣块因清洗角度问题存在泥土冲洗不干净、污染物残留的情况	是
7	耕地土壤重金属污染修复技术	采用公司研发的土壤调理剂，配合"PN"（"钝化"+"营养"）土壤重金属污染修复工艺，实现长效、生态、增产的简便化耕地土壤重金属污染修复。"PN"以原位钝化修复为主，同时辅以提供生物活性营养剂，提高土壤肥力，实现安全生产的同时，提高作物产量。通过向重金属污染土壤加入钝化剂（稳定剂）使重金属污染元素的化学赋存形态发生转变，阻止重金属元素在环境中的迁移、扩散，从而降低污染物质的毒害作用	是
8	基于数字传感集成控制的原位燃气热脱附装备	原位燃气热脱附是利用燃烧器在加热井中燃烧天然气，产生高温气体；高温气体在加热井内往返流动，间接加热土壤，当土壤温度达到目标值后，土壤中的污染物受热挥发，从土壤中迅速解吸并分离出来，通过抽提系统将污染物蒸气抽提至地表，并对含有污染物的水和气做进一步处理，达标排放	是
9	氧化钙活化过硫酸钠异位化学氧化修复技术	通过向土壤中添加过硫酸钠及氧化钙，采用氧化钙对过硫酸钠进行激活，活化后的过硫酸钠产生羟基自由基，羟基自由基具有较高的氧化点位，可与污染土壤中的有机物发生化学氧化反应，生成无毒物质，达到降低污染物浓度的目的	否
10	重金属污染淋洗技术	土壤淋洗是指借助能够促进土壤环境中污染物溶解或迁移作用的溶剂，通过将溶剂与污染土壤混合，然后再把含有污染物的液体从土壤中抽提出来，进行分离处理的技术。本技术使用套化设备，其集淋洗、淋洗液再生和循环利用于一体，不仅实现了淋洗液与污染土壤固液比为3∶1的比例缩小，还实现了淋洗液的再生循环使用	否

附录 2　ETV 领域现行的政策标准规范

环境保护技术验证评价实施指南

第一章　总　则

第一条　为了促进环境保护技术创新，推进环境保护新技术、新工艺、新产品的转化和推广应用，规范环境保护技术验证评价工作，制定本指南。

第二条　环境保护技术验证评价（亦称环境保护技术实验评价，以下简称验证评价，英文缩写：ETV）是指受政府、环境技术开发者（所有者）、技术使用者或其他相关方的委托，依据国家相关法规和标准，根据《环境保护技术验证评价　通则》（以下简称《验证通则》）、《环境保护技术验证评价　测试通用规范》（以下简称《测试通用规范》）的要求，综合运用分析测试、数理统计以及专家辅助评价等方法，对所委托环境技术的环境保护效果、环境影响以及从其他环境观点出发的重要性能进行科学、客观、公正的测试、分析与评价的活动。

第三条　环境保护技术是指在技术性能、环境绩效等方面有明显改善的污染防治新技术、装备和新型环境监测技术，包括：

（一）采用了新的科学原理；

（二）技术和工艺方法上有创新或改进；

（三）采用了新的设计；

（四）采用了新材料、新药剂；

（五）引进消化再创新的技术。

第四条　验证评价的主要技术内容包括：

（一）技术的科学性、对环境法规和标准的符合性等；

（二）反映污染物削减效果的性能参数；

（三）反映技术特点的特征工艺参数；

（四）反映原材料消耗、能耗等水平的经济参数；

（五）反映连续稳定运行的可靠性参数；

（六）反映运行维护水平的管理参数等。

第五条　验证评价应当遵循以下原则：

（一）自愿申请和委托，验证评价服务市场化；

（二）科学、客观、公正；

（三）独立评价，不受干扰；

（四）技术性能评价与环境绩效评价相结合；

（五）定量评价为主，定性评价为辅。

第六条　由环境保护技术验证评价联盟成员单位组织实施的验证评价活动适用本指南。国家、地方和企业投资研究与开发的环境保护技术，以及重大环境工程项目采用的关键新技术的验证评价工作，可参照本指南进行。

第二章　组织管理

第七条　中国环境科学学会牵头发起环境保护技术验证评价联盟（以下简称联盟），联盟成员单位依据《环境保护技术验证评价联盟章程》、本指南和中国环境科学学会发布的相关规范文件开展验证评价工作。联盟依据社会化、市场化、专业化原则建立，同时接受中国科协、环境保护部等有关部委以及联盟成员单位上级主管部门的指导。

第八条　联盟设联盟管理委员会、技术委员会、秘书处，按照联盟章程履行各自的职责。

第九条　联盟成员根据本单位的业务能力，向联盟秘书处报备开展验证评价或测试的技术领域范围，经确认后成为验证评价机构或测试机构开展相关业务。

第十条　验证评价机构是指接受评价委托方委托，独立于评价委托方、技术使用单位，开展环境保护技术验证评价的第三方机构。其主要职责为：

（一）承担技术的验证评价工作；

（二）接受联盟委托，承担技术领域验证评价规范等技术文件的编制工作；

（三）根据需要设立项目验证评价专家组（以下简称专家组），并联合测试机构、评价委托方、测试对象所有者或运营方等利益相关方成立验证评价项目工作组，制订验证评价方案，并组织实施；

（四）指导并监督验证测试过程，并对验证测试报告（以下简称测试报告）提供咨询意见；

（五）对申报的技术资料、测试报告、验证评价过程中有关记录等进行分析和评价，编制验证评价报告和验证评价结果声明；

（六）签订验证评价合同。

第十一条　测试机构是指已按国家有关规定依法取得计量认证资质，接受验证评价机构或评价委托方委托，开展环境保护技术验证评价测试工作的机构。其主要职责为：

（一）接受委托，承担验证测试任务；

（二）参与制订验证评价方案，提出测试方案的具体建议；

（三）按验证评价方案组织实施测试有关工作；

（四）对样品采集、保存、运输、分析、数据处理等测试全过程质量负责；

（五）编制测试报告；

（六）签订验证评价测试合同。

第十二条　验证评价机构和测试机构从事验证评价业务不受区域限制。同时具备作为验证评价机构与测试机构资格的单位，对某一验证评价技术不可同时兼任验证评价机构和测试机构。

第十三条　验证评价机构根据验证评价工作的需要组建专家组。验证评价专家组由行业专家5～7人组成，一般包括技术专家、工程设计专家、运营专家、管理专家等。其主要职责为：

（一）参与验证评价方案的制订并提出咨询意见；

（二）帮助解决验证评价和测试过程中出现的技术问题；

（三）为验证评价报告提供咨询意见。

第十四条　评价委托方是指提出验证评价需求的一方。委托方应为在国内登记注册的独立法人或具有独立承担民事责任能力的自然人。其主要职责为：

（一）自愿向秘书处提出验证评价申请；

（二）申明待评价技术的来源，对待评价技术的可能的产权归属纠纷、技术侵权负责；

（三）提供真实、可靠、翔实的技术资料；

（四）参与验证评价方案的制订；

（五）协助验证测试工作，对技术依托设施的稳定运行提供必要的支持；

（六）协调技术依托设施所有者或运营方配合验证测试工作；

（七）签订验证评价合同，支付验证评价费用；

（八）按照规定使用验证评价报告、验证评价结果声明和标识。

第三章　验证评价

第十五条　验证评价采用技术应用现场测试或实验室测试。当评价委托方提供的已有数据完全符合或部分符合验证评价规范等技术文件要求时，可采用以已有数据为基础的验证评价模式，或采用已有数据结合必要的补充测试的验证评价模式。

第十六条　验证评价工作程序一般包括申请、技术审核、制订验证评价方案、签订验证评价合同、验证测试、数据评价、编制验证评价报告和验证评价结果声明、发布验证评价结果等。

第十七条　评价委托方本着自愿的原则，向秘书处提出验证评价申请，并提交以下材料（纸版一式三份和电子版）：

（一）《环境保护技术验证评价申请书》（见附件一）；

（二）评价委托方法人证明文件复印件；

（三）申请验证评价技术的技术报告，主要内容包括：技术工艺原理、适用范围、污染物处理效果、主要技术参数、材料和药剂消耗、能耗等，主要创新点，工程化应用情况（或工业化试验情况），主要用户名录，已经申请和获得专利情况等；

（四）拟作为测试对象的设施情况介绍，内容包括：工程概况，设计污染物处理能力与实际处理能力，工艺流程与总平面布置（含照片），主要工艺参数、设计参数与实际运行参数，由具有资质的第三方测试机构出具的环境监测报告、性能测试报告或至少7个工作日的运行监测与分析数据等；

（五）技术说明书、运行维护手册或操作规程；

（六）知识产权证明材料，如专利证书、技术转让合同（协议）、技术引进合同或技术使用授权文件、科研项目验收意见或鉴定证书等材料的复印件等。

第十八条　申请验证评价的技术应具备下列基本条件：

（一）符合国家产业政策、技术政策和技术发展方向；

（二）符合验证评价业务开展的技术领域；

（三）已完成工业性试验或已有少量应用，技术依托设施可稳定运行，符合国家排放标准和设施所在地地方排放标准的要求；

（四）与现有同类技术相比在一个或多个方面具有较为显著的污染减排效果、较好的技术经济性能；

（五）技术原理、工艺方法有创新或改进；

（六）符合科学原理，技术方法可重复、再现，主要技术性能可测量、可评价；

（七）技术专有权明晰，无知识产权纠纷。

第十九条　评价委托方应在《环境保护技术验证评价申请书》中认真描述技术自我申明。技术自我申明是评价委托方对技术的适用范围、性能指标、工艺参数、经济指标、运行维护等提出的申明，是编制验证评价方案的重要依据。验证评价方案将围绕如何证明技术自我申明的真实性进行设计。

第二十条　秘书处在接到评价申请后，应向委托方告知以下内容：

（一）为保证验证结果和评价结论的可靠性，对技术做出较为全面、客观的评价，需要针对技术特点制订和实施周密的验证方案，需要进行多指标、多频次的验证测试，导致费用较高；

（二）新技术的不稳定性将使验证评价结果蕴含较大的不确定性，可能得不到预期的结果。

第二十一条 秘书处对收到的书面申请材料进行初审。对符合条件的技术项目，应当在 15 个工作日内出具受理通知书；对不符合条件的技术，应当在 10 个工作日内出具不予受理通知书，并说明不予受理的理由。

第二十二条 秘书处根据被验证评价技术的领域、依托设施等情况，向委托方推荐验证评价机构和测试机构，协调各方确定评价意向。当评价委托方提出受委托的验证评价机构或测试机构需要回避时，秘书处应当视情况重新协调委托验证评价机构或测试机构。

第二十三条 验证评价机构对申报材料进行技术审核。需要补充材料的，验证评价机构应当书面一次性告知评价委托方。评价委托方应当按照验证评价机构提出的补充材料要求，提交相关材料。

第二十四条 经验证评价机构技术审核，当评价委托方提供的已有测试数据可满足验证评价规范和验证评价工作的全部或部分要求时，验证评价机构予以采纳，免除全部或部分测试任务。

第二十五条 针对申请书中提出的技术自我声明，验证评价机构组织测试机构编制验证评价方案初稿，测算所需工作经费，并商评价委托方同意。

第二十六条 验证评价方案应包括技术依托设施的选择、测试周期、采样方案、检测方法、数据处理方法、环境风险应对预案等内容。

第二十七条 验证评价工作经费一般包括：技术审核、编制验证评价方案、数据与质量评价、编写验证评价报告、验证评价专家组咨询、测试、验证评价项目管理与发布等所需的工作经费。

第二十八条 验证评价机构组织召开验证评价专家组、评价委托方、测试机构、技术依托设施所有者或运营方等验证评价各方代表参加的联席会议，对验证评价方案进行研讨，确认验证评价的工作内容，落实参与验证评价各方的工作职责，形成验证评价方案终稿。验证评价方案需由各方签字确认，由秘书处审核备案。

第二十九条 验证评价机构、测试机构、评价委托方依据验证评价方案签订验证评价合同。验证评价活动属于市场化技术咨询服务，验证评价合同应按照《中华人民共和国合同法》有关技术咨询和委托合同管理的相关规定，明确各方的权利和义务。

第三十条 验证评价合同内容包括评价技术的名称、评价的性能指标、测试周期、采用的验证设施数量和地点、验证设施的操作方式、服务费用与支付方式、保守技术秘密的责任、评价报告的内容、验证测试期间发生事故和污染物异常排放的处理方式、争端解决方式等。

第三十一条 当测试机构不能独立完成验证评价测试的全部内容，需将部分测试内容分包给具有测试资质的测试机构时，应当与分包机构签订分包合同，并做好对该分包机构的指导和监督工作。测试机构对分包部分的测试结果负责。

第三十二条　验证评价合同生效后，评价委托方按照合同约定和验证评价方案要求，进行技术依托设施的相关准备工作。必要时应对测试对象进行适当的改造，安装检测计量仪表，以满足测试的要求。

第三十三条　测试机构根据合同约定和验证评价方案要求开展测试工作。验证评价机构应对测试全过程进行指导和监督，保证验证测试达到验证评价规范和验证评价方案的要求。

第三十四条　测试完成后，测试机构按照《验证测试通用规范》和验证评价方案要求编制测试报告，并按规定程序进行审查，经其机构负责人签字并加盖计量认证专用章和测试机构印章（或测试专用章）骑缝章后，一式两份（纸制）送验证评价机构。由分包机构测试的结果应编入测试报告正文。

第三十五条　验证评价机构根据验证评价规范等技术文件和验证评价方案，对技术资料、已有数据、测试报告、验证评价过程中形成的原始数据和各种记录等进行综合分析与评价，编制验证评价报告。

第三十六条　验证评价过程中，若需对验证评价方案进行较大的调整时，验证评价机构应与评价委托方、秘书处协商，并由各方书面同意。

当因评价方案调整造成验证评价费用发生变化时，验证评价机构、测试机构应当与评价委托方签订补充合同，约定调整内容和费用，并在秘书处备案。

第三十七条　验证评价机构至少应在收到测试报告的30个工作日内编制完成验证评价报告，并向秘书处提交。验证评价报告应由验证评价机构技术负责人和分管领导审定签字，加盖公章。

第三十八条　秘书处应在收到验证评价报告10个工作日内，依托技术委员会或专业领域的专家审核验证评价报告，报告审核通过的，加盖中国环境科学学会公章后，提交评价委托方。如验证评价报告内容存在重大缺失或与验证评价管理规范文件要求不符时，秘书处应书面告知验证评价机构，验证评价机构应按要求完善相关评价工作，修改报告后重新提交秘书处。

第三十九条　秘书处商评价委托方向社会公布验证评价报告或验证评价结果声明。验证评价结果声明是概要描述验证评价过程、结果和结论的声明。

第四十条　验证评价标识是环境保护技术验证评价活动的专用标识，由中国环境科学学会持有。通过验证评价的技术，评价委托方可在该技术的说明书、宣传材料和对外宣传活动中使用验证评价标识。

验证评价标识以附件二中的标识为蓝本，复制时应保证其比例不发生变化，不得扭曲、旋转、修改、拆分，不得将其他文字或图像混入验证评价标识中。验证评价标识的颜色有彩色和黑白色两种，未经中国环境科学学会允许，不得使用其他颜色。

第四十一条 评价委托方在使用验证评价标识时应遵守以下原则：

（一）未通过环境保护技术验证评价的技术不得使用验证评价标识；

（二）验证评价标识不得用于证明评价委托方或技术、产品、服务达到了某一特定标准；

（三）验证评价标识不得在公司名称、与技术无关的产品名称、服务名称、域名或网页标题中使用。

第四十二条 在下列任何一种情况下，验证评价机构、测试机构或评价委托方可终止本次验证评价。评价委托方需支付已发生的费用及后续不可逆转的相关费用。

（一）依托设施运行条件变化，不能满足验证评价要求，且不能恢复的；

（二）工程设施故障等原因，按照委托方事先提供的操作规程无法妥善处理，造成验证测试无法按计划完成的；

（三）评价委托方有合理理由提出终止验证评价的；

（四）评价委托方存在重大弄虚作假行为的。

发生上述（一）、（二）、（三）款情况时，评价委托方仅需支付已发生的费用及后续不可逆转的相关费用。发生第（四）款情况时，双方按照验证评价合同提出的违约条款执行。

第四章　质量控制要求

第四十三条 验证评价机构和测试机构应按照国际通行的质量管理体系方法，在验证评价相关文件中明确验证评价质量控制要求，保证验证评价业务的客观、公正和持续改进。

第四十四条 验证评价质量控制要求具体包括以下内容：

（一）验证评价过程的质量控制重点和要求；

（二）验证评价机构和测试机构的能力要求；

（三）验证评价过程文件管理要求；

（四）验证评价工作人员能力要求及培训要求；

（五）验证评价专家的能力要求和回避制度；

（六）文件和记录管理要求；

（七）验证评价过程的不合格控制；

（八）验证评价业务的持续改进。

第五章 附 则

第四十五条 验证评价不是以产品标准为依据的认证活动，不评价技术是否合格。经过验证评价的技术不代表在任何应用条件下都能具有"良好"的性能。验证评价报告将客观陈述技术性能效果，不对技术的水平高低进行评价。

第四十六条 评价委托方故意隐瞒技术实情，引起评价结果偏差，造成损失的，由委托方承担相应责任。

第四十七条 评价委托方在技术交易活动中使用评价报告时，应如实、全面地展示评价报告的内容，采用变造、删节、拼接等方式误导他人，造成投资损失和纠纷的，应由委托方承担责任；由于以上原因，造成技术应用过程中环境损害的，评价委托方应承担连带责任。

第四十八条 验证评价相关的规范文件，由中国环境科学学会另行发布。

第四十九条 本指南由中国环境科学学会解释。

附件一 环境保护技术验证评价申请书

单位全称				
单位地址			邮政编码	
法人代表				
联 系 人		电话	传真	
手 机		E-mail		
技术名称				
主要应用领域				
技术来源	自主开发□ 合作开发□ 转让□ 引进消化□ 其他□			

一、技术简介

二、技术原理与工艺

三、技术主要创新点

四、技术性能概述

主要技术参数、环境处理效果、材料与药剂的消耗、能耗

五、推荐作为验证测试对象的用户（可推荐多个）

推荐验证测试对象 1

（介绍技术用户的名称、联系方式，处理规模，技术工艺流程，建设基本情况，运行情况等。可根据情况多推荐几个验证测试对象，以备选择。）

推荐验证测试对象 2

推荐验证测试对象 3

技术自我申明

示例：技术［名称］应用于［××废水、废气、化学样品……］的，在［流量、温度、进入浓度……］的条件下，达到××的环境效果。（示例要具体）

已有数据情况

□没有满足验证评价规范要求的数据。

□有部分满足验证评价规范要求的数据。

□已有满足验证评价规范要求的数据。

声　明

我们在此声明：我单位自愿申请环境保护技术验证评价，承诺所提供的技术资料均真实、有效。申请验证评价的技术无知识产权纠纷，并承担所有因失实和知识产权问题而引发纠纷的后果。我单位已知晓有关环境保护技术验证评价的程序、规定等要求，愿意积极配合验证评价机构和测试机构对技术进行的验证评价和测试工作。

法定代表人：　　　　　　　　　　　申请单位：

（签字）　　　　　　　　　　　　　（盖章）

申请日期：

附件二 环境保护技术验证评价标识样式

环境保护技术验证评价标识的含义：标识图形由长城变化的字母 C（中国英文首字母）、ETV（环境技术验证的英文首字母）艺术字母、环形的"环境技术验证"中英文名称组成。标识中的长城表示 ETV 验证如长城一般，能够保证环境保护技术验证评价的质量，为技术持有者和客户提供高质量的绩效信息；另一寓意为，通过环境保护技术验证评价可以更好地保护国家的生态环境，保证社会的和谐发展。

彩色标识   黑白标识

标识的规格如上图，可成比例放大缩小，应清晰可辨。

标识颜色分为：

彩色标识：C：60   M：0   Y：100   K：45。

黑白标识：C：0   M：0   Y：0   K：100。

环境保护技术验证评价　通用规范（试行）

（T/CSES-1—2015）

前　言

为规范环境保护技术验证评价联盟成员单位实施的环境保护技术验证评价工作，促进环境保护技术的创新、示范和推广，制定本规范。

本规范是技术指导性文件，用来指导参与验证评价各方对已完成工业性试验或已有少量应用，具有潜在的市场前景的环境保护新技术进行的验证评价。

本规范规定了环境保护技术验证评价工作的通用程序及相关技术要求。

本规范由中国环境科学学会起草，经环境保护技术验证评价联盟技术委员会第一次全体会议审议通过，由中国环境科学学会以团体标准形式发布。

1　适用范围

本规范规定了验证评价过程中委托与受理、技术审核、验证评价方案的制订、验证评价测试、验证评价、验证评价报告编制与审核、质量管理等的技术要求。

本规范适用于环境保护技术验证评价参与各方及人员开展的验证评价活动。

2　规范性引用文件

GB/T 19001　质量管理体系要求

GB/T 4086.1　统计分布数值表　正态分布

GB/T 4086.2　统计分布数值表　χ^2分布

GB/T 4086.3　统计分布数值表　t分布

GB/T 4882　数据的统计处理和解释　正态性检验

GB/T 4883　数据的统计处理和解释　正态样本离群值的判断和处理

GB/T 4889　数据的统计处理和解释　正态分布均值和方差的估计与检验

GB 4890　数据的统计处理和解释　正态分布均值和方差的检验的功效

GB/T 4891　为估计批（或过程）平均质量选择样本量的方法

GB/T 8170　数值修约规则和极限数值的表示和判定

GB/T 24001　环境管理体系　要求及使用指南

注：凡是本规范列明的规范性引用文件，其最新版本（包括所有的修改单）适用于本规范。

3　术语和定义

3.1　环境保护技术　environmental technology

环境保护技术是指在技术性能、环境绩效等方面有明显改善的污染防治新技术、装备和新型环境监测技术，包括：采用了新的科学原理；技术和工艺方法上有创新或改进；采用了新的设计；采用了新材料、新药剂；引进消化再创新的技术。

3.2　技术自我声明　self-announcement of technology

指评价委托方对委托验证评价的环境保护技术的适用范围、性能指标、工艺参数、经济指标、运行维护等所做的介绍性声明。

3.3　环境效果指标　environmental performance parameter

指用来表征环境保护技术对污染物处理效果的指标，分为通用指标和特征指标。对于污染治理技术，环境效果指标一般是污染物去除效果指标。

3.4　通用指标　general parameter

指对于某一类环境保护技术，表征其环境处理效果共性的环境效果指标。

3.5　特征指标　special parameter

指表征被评价的环境保护技术对某一个或多个污染物具有特殊处理效果的环境效果指标。

3.6　工艺运行指标　process and operation parameter

指直接对环境保护技术稳定运行及污染物处理效果产生影响的工艺运行指标，如污水处理技术中的污泥回流比、水力停留时间等。

3.7　维护管理指标　maintenance and management parameter

指环境保护技术设施日常运行、维护指标，如能源资源消耗（如水、电和药剂等）、操作的难易程度、技术设施运行稳定性与耐久性等。

3.8　验证评价目标　verification purpose

指需验证的委托验证评价技术的环境保护效果、环境影响以及从其他环境观点出发的重要性能。

3.9　测试周期　test period

指根据环境保护技术验证评价目标、测试要求，以及污染物负荷、生产周期、环境条件等，为达到验证评价目标所需要的最短测试时间。

3.10　采样频率　sampling frequency

指满足环境保护技术验证评价测试要求所需的采样次数和采样时间间隔。

3.11　样本数　sample number

指根据环境保护技术验证评价测试要求，在同一采样条件下采集的样本数量。

3.12 验证评价结果声明 verification result statement

指反映验证评价过程、结果和结论的简要声明，向社会公开。

4 验证评价指标及测试方法的确定

4.1 一般原则

4.1.1 验证评价指标一般分为环境效果指标、维护管理指标和工艺运行指标 3 类。

4.1.2 具体的评价指标由验证评价机构会同验证评价各方，根据被评价技术对象特点确定，其中工艺运行指标一般不少于两项，作为评价技术性能时的参考性指标。

4.1.3 验证评价指标应反映技术的应用范围、相关技术法规要求及技术特点。指标一般包括：适用的环境介质和污染物种类、适用浓度范围、污染物去除率、介质中共存物质的影响、去除单位污染物的能耗物耗与运行成本、技术设施运行稳定性等。

4.2 验证评价指标的选取

4.2.1 环境效果指标

环境效果指标应根据技术自我声明、测试对象和被评价技术处理的目标污染物等来选取。环境效果指标示例见附录 1 的表 1～表 4。

4.2.2 维护管理指标

维护管理指标包括工艺运行过程中的环境影响、原材料消耗和能耗、运行及维护管理性能，应根据被评价技术的具体情况参照附录 1 表 5 进行选择。

4.2.3 工艺运行指标

4.2.3.1 工艺运行指标应根据被评价技术的具体情况确定，如污水脱氮处理工艺可将污泥回流比作为工艺运行指标。

4.2.3.2 原则上不得选取涉及技术机密的工艺运行指标。

4.3 测试方法的确定

4.3.1 应优先选择现行的国家或行业标准方法作为测试方法。

4.3.2 当指标没有相应的现行国家或行业标准方法时，可采用下列方法：

（1）国际或国外标准；

（2）《水和废水监测分析方法》（中国环境科学出版社，第四版增补版）、《空气和废气监测分析方法》（中国环境科学出版社，第四版增补版）。

4.3.3 当指标无现行的方法进行测试时，可由测试机构进行开发，并进行必要的方法学验证，形成可操作的文件，并作为测试报告的附件。

5 验证评价程序

5.1 验证评价流程

5.1.1 验证评价程序可分为申请、准备、测试、评价、结果发布 5 个阶段。见图 1。

委托阶段

评价申请
签订评价协议

联盟秘书处初审 → 否 → 终止

是

联盟秘书处秘书处推荐
验证评价机构，协调评价各方，确认
评价意向

准备阶段

修改技术自我声明 ← 否 ← 验证评价机构
技术审核 → 否 → 补充材料

是

改进验证评价方案 ← 制定验证评价方案

评价各方确认
验证评价方案 → 否

是

由联盟秘书处备案

签订验证评价合同

测试阶段

测试准备

测试机构实施测试

测试机构向验证评价机构
提交测试报告

注：当已有数据满足验证评价规范和验证评价工作的全部要求时，可以不进行测试，直接对已有数据进行评价

评价阶段

验证评价机构
开展验证评价

采取补充测试或评价措施 ← 否 ← 验证评价机构
开展数据评价审核

是

验证评价机构
编写验证评价报告

向联盟秘书处
提交验证评价报告

结果公布阶段

联盟秘书处审核验证评价报告
编制评价结果声明

通过专用网站向社会公布

结束

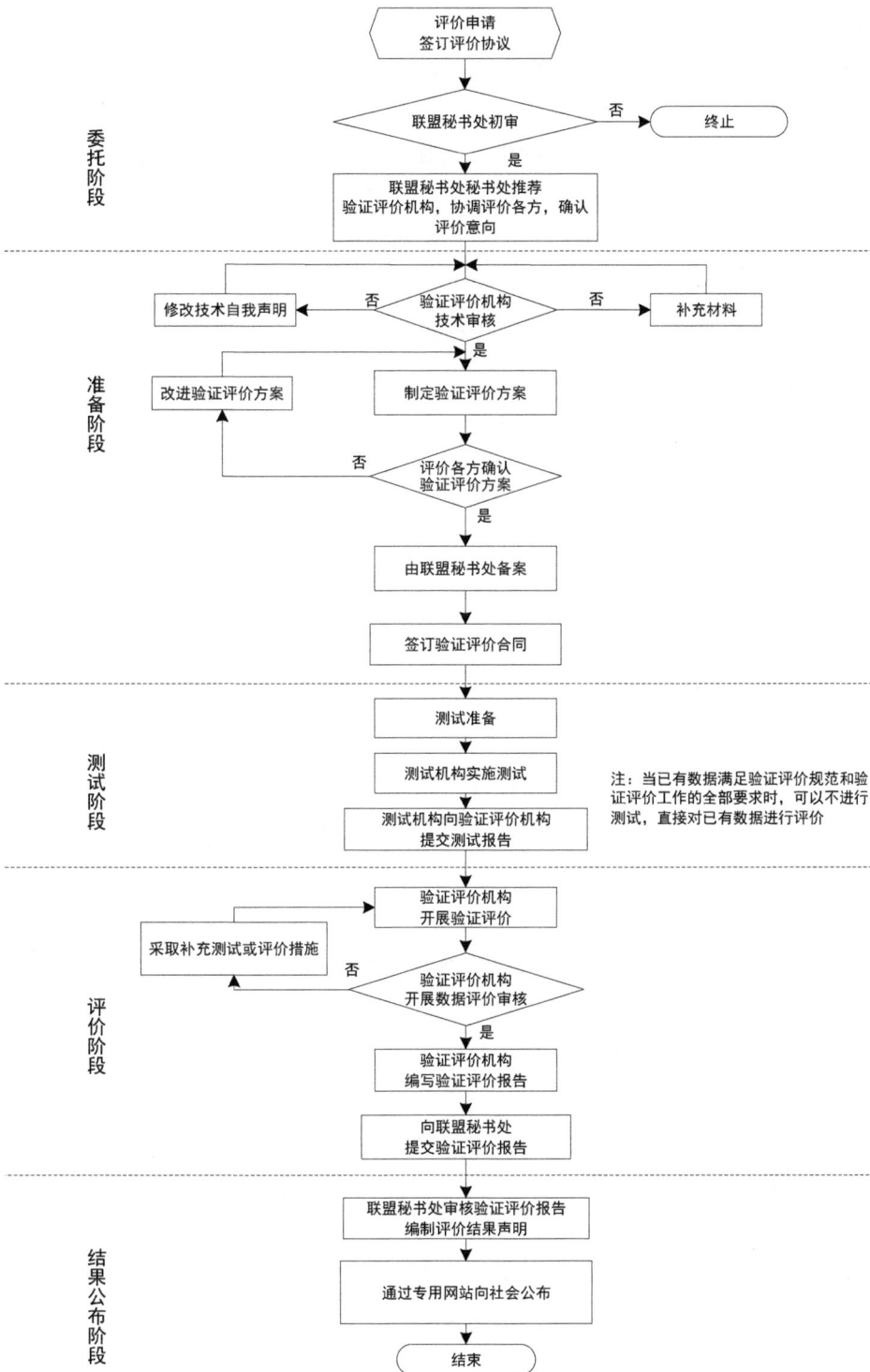

图 1　验证评价流程

5.1.2 当评价委托方提供的数据经技术审核满足验证评价规范和验证评价工作的全部或部分要求时，视为有效数据，可以不重复测试。

5.2 申请阶段

5.2.1 评价委托方向环境保护技术评价联盟秘书处（以下简称联盟秘书处）提出验证评价委托，签订验证评价委托协议，并提供真实、完整、翔实的技术资料。

5.2.2 联盟秘书处对申报材料进行初审，初审要求如下：

（1）申报材料是否齐全，是否符合要求；

（2）技术自我声明是否明确、可验证评价；

（3）技术是否建立在科学技术原理基础上；

（4）技术的市场化程度：已商业化，或是商业化应用之前的最终设计，或已经通过工业化试验；

（5）已有测试数据的测试机构与评价委托方是否有利益关系。

5.3 准备阶段

5.3.1 验证评价准备阶段通常包括技术审核、选定测试对象、制订验证评价方案、签订验证评价合同等步骤。

5.3.2 技术审核

5.3.2.1 接受委托的验证评价机构对技术资料进行技术审核。审核内容主要包括：

（1）技术资料是否满足完成验证评价的需要，是否需要补充技术资料；

（2）技术自我声明是否可验证评价，现有监测或测试方法是否支持技术自我声明的验证评价；

（3）测试对象（即技术所依托的设施）是否具备开展测试的条件，是否需要改造；

（4）测试对象的操作规程是否支持现场测试时的正常运行条件（设施操作规程参考内容见附录 2）；

（5）技术资料中的已有数据是否满足验证评价规范和验证评价工作的全部或部分要求等。

5.3.2.2 按照技术自我声明提出的指标，对已有数据逐一进行有效性审核，审核内容见附录 3。只有部分指标满足验证评价要求时，应提出补充测试的指标。

5.3.3 测试对象的确定

5.3.3.1 测试方案可采用现场测试、实验室测试、实验室测试结合现场测试的方式进行。其中实验室测试适用于小型组合式污染处理技术、材料和药剂等可在实验室或在模拟现场情况下完成测试的技术。

5.3.3.2 现场测试对象选择原则如下：

（1）现场环境条件、设施运行状况、污染负荷、处理规模能够充分反映技术的能力和特点；

（2）具备开展测试工作所需的硬件条件，如工艺单元和采样口的设置便于操作，有可用的污染物处理量、物料消耗、能耗等的计量设备或便于改造、安装等；

（3）设备、设施易于维护和清理；

（4）测试对象所有者或运营方对测试工作能予以支持和配合。

5.3.3.3　验证评价机构、测试机构根据被评价技术的特点，判断评价委托方推荐的备选测试对象是否满足验证评价测试要求；当备选测试对象不能满足要求时，应与评价委托方协商，重新选择并予以确认。

5.3.4　制订验证评价方案

5.3.4.1　验证评价机构组织测试机构、评价委托方、验证评价专家组根据申请书提出的技术自我声明，编制验证评价方案（提纲见附录 4），其中测试方案由测试机构提出。

5.3.4.2　测试指标和分析测试方法的选择应符合本规范第 4 章的规定，测试周期、采样频率、样本数等应符合《环境保护技术验证评价　测试通用规范》第 4 章的规定。

5.3.5　签订验证评价合同

　　验证评价机构、测试机构、评价委托方、联盟秘书处按照《环境保护技术验证评价实施指南》的要求签订验证评价合同。合同主要内容见附录 5。

5.4　测试阶段

5.4.1　测试阶段一般包括测试准备、测试实施、测试数据评价与分析、编制测试报告等步骤。详见《环境保护技术验证评价　测试通用规范》第 5 章。

5.4.2　测试机构应对测试报告按规定程序进行审查，并最后由机构负责人签字并加盖计量认证专用章和测试机构印章（或测试专用章）骑缝章。

5.5　评价阶段

5.5.1　数据统计分析评价

5.5.1.1　一般规定用于统计分析评价的数据应在相同条件下获得。比如污水厂出水 SS 的数据，应在同一采样点、同一测试方法、同一实验室等测试条件都相同的情况下测得。当评价委托方提供的已有数据是由不同测试机构，在不同条件下获得的多组数据时，应依据其中一组有效数据进行统计分析，其他数据可作为验证评价指标评价的参考。

5.5.1.2　一般情况下，当技术依托设施的处理对象、运行环境、技术性能、工况条件都十分稳定时，可假设指标数据满足正态分布。验证机构依据 GB/T 4882 或咨询相关专家对数据的正态性进行判断。

5.5.1.3　数据服从正态分布时，按照 GB/T 4889 分析判断是否接受技术自我声明提出的指标值。当指标数据不服从正态分布时，按照验证评价方案中确定的统计方法，分析判断是否接受技术自我声明提出的指标值。

5.5.1.4   应按照 GB/T 4883 对正态分布样本中的疑似离群数据进行判断和处理。

5.5.1.5   在对数据处理分析时，应按照 GB/T 8170 的规定进行修约。

5.5.2   环境效果指标评价

环境效果指标评价按照 5.5.1 规定执行。如果数据不符合正态分布，应根据环境效果指标的具体情况，依据专业知识，对结果做出准确、合理的评价。

5.5.3   工艺运行指标和维护管理的评价

5.5.3.1   一般采用均值、中位值、数据范围、方差等对工艺运行指标及维护管理指标进行分析。

5.5.3.2   对于能源、物料消耗等参数，应折算成单位污染物消耗量、单位时间消耗量、综合能耗等方便评价的数据。

5.5.3.3   应在对数据统计分析的基础上，对数据结果做出科学合理的评价。

5.5.4   数据评价审核

5.5.4.1   数据评价审核包括数据分析过程的审核及数据评价结果的审核。

5.5.4.2   数据分析过程审核主要包括选用的指标是否合适、采用的统计方法是否合适、计算过程是否正确等，数据分析过程审核表见附录 6。

5.5.4.3   数据评价结果审核包括数据评价结果的表述是否正确、数据评价结果的解释是否准确合理等，数据评价结果审核表见附录 7。

5.5.5   编制验证评价报告和验证评价结果声明

验证评价报告内容详见附录 8。验证评价结果声明见附录 9。验证评价报告应客观陈述技术性能和实际效果，不采用诸如"国内领先水平""国际先进水平""填补国内空白""国际首创"等主观描述词语。

5.6   结果公布

在不涉及商业秘密、知识产权的前提下，在征得评价委托方同意后，联盟秘书处将验证评价报告通过环境保护技术验证评价网站公布。

6   验证评价的质量管理

6.1   机构的质量管理

6.1.1   验证评价机构应按 GB/T 19001《质量管理体系要求》建立规范的质量管理体系并有效运行。

6.1.2   联盟秘书处应对验证评价机构、测试机构进行业务指导，开展验证评价相关的培训业务，对完成验证评价委托业务的能力、相关质量管理制度、质量控制措施及持续改进等情况进行审查。

6.1.3　验证评价机构、测试机构质量管理应满足以下基本要求：

（1）应具备承担相应的法律责任的能力。

（2）具有结构合理的评价或测试人员，拥有一定规模的咨询专家支持系统。验证评价项目要有专人负责且有专职的质量管理者。

（3）管理规章和管理制度健全，避免工作人员参与有损于判断的公正性、独立性和诚信度的活动，保证不从事与验证评价有利益关系的活动，不受任何来自内部或外部的不正当的商业、财务和其他方面的压力和影响。

（4）保密制度完备。严格保守技术依托单位以及验证评价及测试过程中涉及的商业秘密和技术秘密。

（5）与技术依托单位没有利益关系。

（6）主动接受、积极配合联盟管理委员会或联盟秘书处的质量核查/检查活动。

6.2　人员和培训

6.2.1　参与验证评价的人员应具备岗位要求的教育背景或与所从事业务直接相关的学位。

6.2.2　参与验证评价的人员应具备所从事业务领域的相关工作经验。

6.2.3　参与验证评价的人员应参与相应的岗前培训，以保证能从事所开展的业务。

6.2.4　验证评价机构、测试机构的管理人员应具备相应的质量管理经验，适当情况下应参加相应的培训。

6.2.5　验证评价机构、测试机构应对上岗人员制订周密的培训、教育计划，尤其是工作岗位改变后，应再次培训并保证上岗人员胜任新业务。

6.2.6　验证评价机构、测试机构要设置一定的评价标准，对是否需要开展培训和培训效果进行评估，以确保培训达到预期效果。

6.3　文件和记录

6.3.1　为了确认、准备、审查、批准、修改、收集、编制目录、存档、保存、维护、找回、分发和处理有关文档和记录，应建立、控制和维持相关程序。对验证申请与受理、技术审查、验证评价方案制定、数据评价、报告编制等过程的文件和记录，均应建立相应的管理程序；文件和记录的形式包括纸质文件和电子文件。

6.3.2　对每一项技术的验证评价应建立独立的档案，以保证验证评价结果与结论可溯源。

6.3.3　联盟秘书处应将验证评价申请、验证评价合同、测试报告、验证评价报告、验证声明等验证评价全套文件归档管理 5 年以上。

6.3.4　验证评价机构应将委托书、技术审核意见、验证评价计划、测试报告、验证评价报告、相关记录等验证评价有关文件归档管理 5 年以上。

6.3.5　测试机构应将委托书、过程数据、测试报告、相关记录等文件归档管理 5 年以上。

6.3.6　无效或废止的文件应立即撤掉或注明，以防止错误使用；到期文件应采取有效方式销毁。

6.3.7　验证评价过程产生的一切数据、记录及报告等数据和文件未经联盟秘书处同意不得对外公开。

6.3.8　所有电子文件应备份存档，防止丢失。

6.4　质量控制

6.4.1　验证评价机构对技术验证评价全过程和验证评价报告质量负全部责任；测试机构对测试全过程和测试报告质量负主要责任，验证评价机构负连带责任。

6.4.2　验证评价机构和测试机构均应建立机构内部的质量管理制度和规范，明确质量管理者。

6.4.3　质量管理者应统筹考虑验证评价全过程的质量控制，合理、全面设置质量控制点，编制质量管理手册，明确每一质量控制点的检查要素和要求，并落实质量控制点责任人。

6.4.4　质量管理手册中应包含相关措施条款，保障每一质量控制点的合格率，并明确对不合格点的纠正和改进要求。

6.4.5　质量控制点责任人应按照质量管理手册要求开展质量管理工作，并做好相关记录。如遇到不合格点，应及时采取纠正和改进措施，消除发现的不合格点。不合格点得到纠正和改进后，要进行复查，以证实符合要求。质量控制点负责人要对不合格点采取的措施进行记录。

6.5　质量管理的评审

6.5.1　联盟秘书处应制订并执行评审计划，适时对验证评价机构、测试机构和人员进行评审。

6.5.2　评审要有相应的记录并归档，当确定验证评价机构、测试机构或人员的资质、能力会对验证评价带来不利影响时，应及时暂停或停止相应的验证评价工作。

6.6　不合格控制

6.6.1　一般规定

　　验证评价机构、测试机构质量负责人和质量控制点负责人，负责验证评价过程中各环节的监督检查，并按以下规定进行管理：

　　（1）发现验证评价过程中的不合格情况，及时处理、纠正并记录；

　　（2）应提出对不合格情况的纠正方案，决定应做何种处理并记录；

　　（3）根据纠正方案，对不合格情况做出处理并监督实施；

　　（4）应把不合格情形通报相关的质量管理者，必要时也应通知技术依托单位。

6.6.2　验证评价过程中，由于工作人员失误，影响某一过程的结果时，应及时记录，提出纠正措施并实施。

6.6.3　当不合格的情况涉及已发出的报告时，质量负责人应联系相关方，说明原因和决定，在获得同意的情况下，可采取收回报告、换发报告以及补发报告的形式进行处理。

6.6.4　质量负责人应针对出现的不合格情况，组织相关人员讨论和分析原因。当发现某一过程、测试方法等重复出现不合格情况，或对测试方法、评价方法、具体过程产生怀疑时，应向上一级报告，根据上一级提出的方案进行纠正。

6.7　质量的持续改进

6.7.1　联盟管理委员会、联盟技术委员会定期对本规范进行审查，提出改进建议，并适时对本规范进行修订。

6.7.2　验证评价机构、测试机构质量管理者应负责内部审核工作，通过管理体系内部审核，及时发现质量管理体系运行中存在的问题和薄弱环节，分析原因并采取纠正措施，保证质量管理体系的持续有效性。

6.7.3　验证评价机构、测试机构应制定和实施相应的程序来预防、发现和解决验证评价过程中可能会出现的对质量造成不利影响的问题。

6.7.4　联盟管理委员会应不定期对验证评价项目、验证测试项目进行抽查，检查验证评价及测试过程的质量管理体系落实情况，针对出现的问题提出改进措施。

6.7.5　验证评价机构、测试机构应定期分别对所完成的项目进行抽查，检查项目实施过程中的质量管理体系落实情况，及时处理、改正发现的问题。

6.8　回避与保密要求

6.8.1　当验证评价机构、测试机构、验证评价专家等机构或人员与评价委托方存在利益关系时，应主动回避。

6.8.2　验证评价机构、测试机构、验证评价专家组、测试对象所有者或运营方等机构和人员，不得利用验证评价过程中获取的技术信息，从事与验证评价无关的活动。

6.8.3　验证评价机构、测试机构、验证评价专家组、测试对象所有者或运营方等机构和人员，应对整个验证评价过程中获取的技术和商业秘密保密。验证评价过程获得所有资料和信息，未经联盟秘书处同意不得对外公布。

附录 1   评价指标示例

表 1   废水处理技术环境效果指标示例

废水类别	处理技术	环境效果指标（并不仅局限于下列几项，可自定义）	
		通用指标	特征指标
城市生活污水	生物法	五日生化需氧量（BOD$_5$）、化学需氧量（COD）、氨氮、悬浮物（SS）等	总氮（TN）、总磷（TP）、剩余污泥、粪便大肠菌群数等
分散式生活污水	生物法	五日生化需氧量（BOD$_5$）、化学需氧量（COD）、氨氮、悬浮物（SS）等	总氮（TN）、总磷（TP）、剩余污泥油、动植物油、动力消耗等
电镀废水	化学+生物法	重金属、化学需氧量（COD）、氨氮等	氰化物、油、剩余污泥等

表 2   废气处理技术环境效果指标示例

废气类别	处理技术	环境效果指标（并不仅局限于下列几项，可自定义）	
		通用指标	特征指标
锅炉烟气	脱硫除尘	二氧化硫（SO$_2$）、氮氧化物（NO$_x$）、烟尘、粉尘、Hg、挥发性有机物（VOCs）等	二噁英、氟化物等
挥发性有机物（VOCs）	脱臭	挥发性有机物（VOCs）、氮氧化物（NO$_x$）等	乙醛等
汽车尾气	催化	颗粒物、氮氧化物（NO$_x$）、碳氢化合物等	臭氧、一氧化碳（CO）、铅化合物、硫化合物等
有色冶炼烟气	脱硫	二氧化硫（SO$_2$）、颗粒物、重金属等	氟化物等

表 3   固体废物处理技术环境效果指标示例

固体废物类别	处理技术	环境效果指标（并不仅局限于下列几项，可自定义）	
		通用指标	特征指标
生活垃圾	焚烧	二氧化硫（SO$_2$）、氮氧化物（NO$_x$）、颗粒物、二噁英等	烟气黑度、一氧化碳（CO）、氯化氢等
	填埋	五日生化需氧量（BOD$_5$）、化学需氧量（COD）、氨氮、恶臭、甲烷（CH$_4$）等	总氮、总磷、总铬、六价铬、总砷、硫化氢（H$_2$S）、总镉、粪大肠菌群等
医疗垃圾	微波+消毒	活菌数、杀灭对数值等	
污泥	干化	含水率、颗粒粒径、恶臭、粪大肠菌群等	总有机碳（TOC）、重金属等

表 4　组合式处理设备环境效果指标示例

设备类型	环境效果指标（并不仅局限于下列几项，可自定义）	
	通用指标	特征指标
废水处理设备	五日生化需氧量（BOD_5）、化学需氧量（COD）、氨氮、悬浮物（SS）、油等	细菌、总氮（TN）、总磷（TP）、剩余污泥等
工业烟气处理设备	二氧化硫（SO_2）、氮氧化物（NO_x）、颗粒物等	一氧化碳（CO）、乙醛、重金属含量、氟化物、碳氢化合物、铅化合物、硫化合物等

表 5　污水处理技术维护管理指标示例

项目分类	运行及维护管理项目	具体指标及获取方式
环境影响	剩余污泥产量	污泥干重（kg/d）、污泥湿重（kg/d）及含水率
	废弃物种类及产生量（剩余污泥除外）	废物产生量（kg/d），应按产业废物和一般事业废物的处理利用分别记录
	噪声	记录噪声程度（可用噪声计测量）
	恶臭	记录臭气程度（采用必要的测量方法）
	污泥、废弃物、恶臭等处理难易程度	二次污染处理的难易程度、有效利用等
原料及资源消耗	电耗	全部测试对象的电力消耗，实际测量或计算
	药剂种类及用量	通过计量泵或加药设备消耗测定
	微生物制剂等的种类及用量	适当的方法
	其他消耗品	适当的方法
运行及维护管理性能	水质外观	颜色、泡沫、污泥膨胀等产生情况，定性描述为主
	设备启动所需要的时间 设备停止工作需要的时间	时间
	测试设备正常运行和维护所需人数及技能	操作设备所需人数及每天工作时间
	被验证评价设备可靠性	故障产生的原因
	故障发生后的恢复方法	恢复操作的难易程度
	运行和维护管理操作指南评价	易读、易理解程度

附录 2 实验设施操作规程参考内容

一、设施介绍

实验设施的基本信息（建成时间、地点、规模、所有者、运营方等）、基本工艺流程、工艺单元组成及功能介绍等。

实验设施的适用范围，包括：适用的受污染介质（或环境介质）种类、适用的行业、可去除污染物、适用的污染物浓度范围、设计处理能力等。

二、安装调试规程（如有必要）

实验设施安装、调试、启动直到稳定运行的程序步骤，例如：设备的安装调试，设施启动准备、检查、试验，设施各单元的联动调试、设施的带负荷调试、设施正常运行的判断方式、调试启动过程中的安全、健康、环境要求等相关工作的操作程序和时间安排。

三、运行与维护

实验设施的运行与维护规程至少包括运行管理、检修维护、故障处理及应急方案等内容。

（一）运行管理

实验设施日常运行的相关要求、程序和步骤。例如：设施运行前准备、检查、运转的操作规范；各种设备或工艺单元的启动、停运操作规范；运行指标的监控与调整规范；副产污染物的收集处置规范等。

（二）检修维护

实验设施检修的相关要求、程序和步骤。例如：设施清洁、设备定期检查护理，备料、备件准备和检查，对有防腐、易损部分等有特殊要求的设备（或设备）的检修程序，备用设备的定期切换要求等。

（三）故障处理及应急方案

实验设施及其主要设备运行时，常见、异常故障的发现、检查和排除方法。例如：运行指标异常、主要设备故障等情况下的现象、原因分析、处理措施等。

在发生生产事故、安全事件、环境污染事故等紧急情况下的应急方案，例如：发生污染负荷超过设计能力的波动或发生生产事故时的处理处置措施等。

四、安全、健康要求

包括：劳动安全、职业卫生、危险品管理、防泄漏、防噪声与振动、防电磁辐射、紧急救护等与安全、健康相关的规定。

五、其他

影响实验设施正常稳定运行的其他因素及处置规范程序，如设施操作的人员数量、岗位技能（或资质）要求、培训活动等。

附录 3　已有数据有效性审核表

被评价指标：（如 COD）

序号	审核内容	评价结果		
		是	否	其他，并说明
1	分析实验室是否通过国家或省级计量认证			
2	采样方法是否符合现行国家或行业标准			
3	测试对象的装置或设施的运行和环境条件是否满足技术自我声明的要求			
4	测试的操作条件和过程是否按规定进行监控和记录			
5	样品采样、保存和运输是否符合相关标准			
6	样品分析方法是否符合国家或行业标准			
7	当没有国家或行业标准方法时，所采用的分析测试方法是否满足验证评价测试要求			
8	数据样本量是否达到开展验证评价所需的最低样本数要求			
9	测试分析过程是否遵循了质量管理与质量控制要求			
10	由不同第三方机构测试的数据是否具有可比性			
11	在不同测试对象测试的数据是否具有可比性			
结论	已有数据是否有效			—

附录 4　环境保护技术验证评价方案　参考格式

环境保护技术验证评价方案

1　评价方案简介

1.1　概述

1.2　主要工作内容概要

2　技术自我声明

技术自我申明是指申请单位对申请验证评价的环境保护技术的适用范围、性能指标、工艺参数、经济指标、运行维护等所做的声明。

示例：技术［名称］应用于［××废水、废气、化学样品……］的，在［流量、温度、进入浓度……］的条件下，达到××的环境效果。

3　参与评价各方职责与分工

评价机构、测试机构、评价委托方等评价各方的责任与分工。

4　技术介绍

包括：技术工艺原理，适用范围，污染物处理效果，主要技术指标，材料和药剂消耗、能耗等；主要创新点（应可通过验证测试检测）；工程化应用情况（或工业化试验情况）；已经申请和获得专利情况等。

5　实验设施介绍（测试对象）

主要包括：设施概况，设计污染物处理能力与实际处理能力，工艺流程与总平面布置（含照片），主要工艺参数、污染物处理效果、材料和药剂消耗、能耗等技术性能的设计参数与实际运行参数等。

6　评价指标

评价指标应反映技术的应用范围、相关技术法规要求及技术特点。指标一般包括：适用的环境介质和污染物种类、适用浓度范围、污染物去除率、介质中共存物质的影响、去除单位污染物能耗物耗与运行成本、技术设施运行稳定性等。

7　评价工作方案

7.1　测试准备及入场条件

包括：实验设施（或测试对象）启动调试，消耗品、供水供电、备品或备件的准备，工作场地准备，如具备采样条件、配备监控设备（如需要），人员安排等。

7.2　测试内容

7.2.1　测试时间、测试周期及频率

根据污染物负荷、生产周期、环境条件等变化因素，确定适合的测试时间、测试周期及频率。例如：生物处理技术，应考虑高温、低温条件对技术效果的影响；工业行业，应反映生产周期变化，对实验设施的负荷冲击；极端环境条件下，应该适当加大采样频率。

7.2.2　样品采集、保存和运输方法

应严格按照样品采样和保存的相关国家和行业标准执行。尚无标准方法时，应咨询专家制订科学可靠的采样方案。

7.2.3　分析检测方法

分析检测方法的选用应充分考虑目标污染物的相关排放标准规定、环境保护技术针对污染源的排放特点、污染物浓度的高低、所采用监测方法的检出限和干扰等因素；

目标污染物相关的排放标准中有检测分析方法的规定时，应采用国家或行业标准中规定的方法；

对于尚无国家或行业标准的目标污染物，可采用国际标准化组织（ISO）或其他国家的等效方法标准（如 EPA、JIS 等），但其检出限、准确度和精密度应能达到质控要求。

7.3　设施操作及监控方案

依据操作规程，结合测试内容，制订详细的实验设施操作方案。对于可能影响检测结果公正性的技术关键节点，应采取必要的监控措施。

7.4　数据分析处理方法

按照相关国家标准分析处理测试数据。一般可采用均值、中位值、数据范围、方差等处理结果进行分析；可采用均值检验、均值区间估计、方差检验等方面进行检验。

在数据分析处理时，注意数据有效性检验，对于疑似离群数据成因进行分析判断，若不存在检测或技术方面的原因，可按照数学统计方法判定和处理。离群数据的剔除，应说明理由。

7.5　环境风险应对预案

实验设施操作运行过程中可能发生次生污染（或其他环境风险），应充分考虑各种可能带来严重后果的情况，制定严密的应对处置预案，并建立预案执行机制。

8　质量保证与质量控制

明确验证评价方案制订、测试、数据分析处理、评价报告编制等程序质量控制要点，提出相应质量管理措施；建立实验设施操作监督机制；建立文件记录管理机制；落实质量管理责任；明确保密要求和责任。

9　经费预算

10　进度安排

11　附件（如检测记录、设施运行记录、异常情况和故障处理记录。）

附录 5　验证评价合同参考内容

验证评价合同要素

（一）验证评价主要内容

技术名称、技术简介、实验设施基本信息（数量、地点、基本情况等）、测试和评价指标、测试周期、实验设施操作及监督方式、时间安排等。

（二）各方责任、义务

评价委托方：按照《验证评价方案》的要求向乙方提供有关技术资料和证明文件（例如：产权拥有者委托评价，应向评价机构提供拥有待评价技术产权的证明文件或声明；其他机构委托评价，应向评价机构提供产权拥有者同意其进行委托评价的授权文件等）；配合乙方做好实验设施的准备工作（如：检测设备安装、耗材准备、测试场地条件准备等）；为采样及样品分析提供必要支持和配合；为测试人员提供工作条件及必要的支持和配合等。

验证评价机构：组织协调整个验证评价工作；委托具有资质的测试机构按《验证评价方案》的要求完成采样、分析、测试、运行操作、监督等工作；分析测试数据，评价技术性能，编制《验证评价报告》，并对《验证评价报告》真实性负责等。

测试机构：参与《验证评价方案》讨论，按照方案要求完成采样、分析、测试、运行操作、监督等工作，编制《验证测试报告》，并对《验证测试报告》真实性负责等。

联盟秘书处：开展《验证评价方案》《验证评价报告》审核，《验证评价结果声明》编制，《验证评价报告》发布等工作。

详细的责任、义务可在《验证评价方案》中约定。

（三）费用及支付方式

根据评价和检测任务量，约定验证评价费用的金额及支付方式。包括费用分类、支付时限和比例、账号信息等。

（四）评价报告内容及使用方式

约定评价报告的内容及使用条件，明确报告是否公开或公开的条件。

（五）保密条款

评价参与各方（评价机构、测试机构）有义务对评价所获得的委托方技术情报和资料保密。未经委托方同意，不得将验证过程中获悉的技术和商业信息用于技术验证评价之外的场合，不得用于与本验证评价技术相关的商业活动。

（六）争议处理方式

（七）合同法规定的其他内容

（八）附件：《验证评价方案》《操作规程》

（九）其他宜在合同中明确的事项

1. 验证评价报告中可能包含委托方不乐见或者不愿接受的结果。

2. 实际运营方（指实验设施操作方）在测试期间应保证实验设施的污染物排放，符合国家和地方法规要求，保证实验设施的安全运营，对测试期间可能发生的事故和污染异常排放做好处置预案。

3. 应提前对由于测试过程可能造成的环境污染、事故、设备损坏的责任问题，达成一致意见。

4. 评价方不承担待评价技术知识产权的鉴别责任。

附录6   数据分析过程审核表

序号	审核内容	是否符合	
		是	否
1	选用的指标是否合适		
2	选用的统计方法是否合适		
3	计算过程是否正确		
4	数据分析过程是可接受的		

附录7 数据评价结果审核表

序号	审核内容	是否符合	
		是	否
1	数据评价结果的表述是否正确		
2	数据评价结果的解释是否准确合理		
3	数据评价结果是否支持技术自我声明		
4	数据评价结果是可接受的		

附录8 环境保护技术验证评价报告 参考格式

环境保护技术验证评价报告

目录

1 概要

1.1 背景

1.2 目的

1.3 工作过程简介

2 参与验证评价的机构及职责

2.1 评价委托方

2.2 评价机构

2.3 测试机构

2.4 咨询专家（如有需要）

3 技术简介

包括：技术基本原理、工艺流程、适用范围、主要创新点、工程化应用情况（或工业化试验情况）、已经申请和获得专利情况等。

4 实验设施简介

包括：设施概况、设计污染物处理能力与实际处理能力、工艺流程与总平面布置（含照片）、工艺参数等。

5 评价内容、方法及过程介绍

包括：验证评价指标，测试周期、采样、检测分析、设施操作的方法、内容和主要工作过程等。

如评价过程中评价指标、测试周期、采样数、检测方法等发生变化，应详细记录并说明原因。

6　检测结果及讨论

对检测和评价指标的检测结果进行统计分析，得出性能指标的分析结论。

7　质量控制

描述分析验证评价的质量管理过程及结果。

8　评价结论

通过验证评价得出的技术性能结论。

9　附录

如测试报告、设施操作记录、专家咨询记录等。

附录9　验证评价结果声明

环境保护技术验证评价结果声明

技术类型
应用
技术名称
公司
地址
邮箱

环境技术验证评价是指受政府、环境保护技术开发者（所有者）、使用者或其他相关方的委托，依据国家相关法规和标准，根据《环境保护技术验证通则》《环境保护技术验证测试　通用规范》（待发布）的要求，综合运用技术原理分析、测试、数理统计以及专家评价等方法，对所委托技术的技术性能、环境保护绩效以及运行维护等进行科学、客观、公正的第三方评价。其目的是通过对技术进行性能验证评价和信息发布来提高环境保护新技术的可信度和市场竞争力，使环境保护新技术能够更快地为人们所接受和使用，从而推动环保产业发展和环保技术进步。

参与本次 ETV 的验证评价各方为：验证评价机构——×××、验证测试机构——×××、技术持有方——×××、技术使用方——×××和验证评价评专家组。本次 ETV 工作在以上验证评价各方的共同参与和监督下开展，由参与验证评价各方共同制定《××技术验证测试方案》（以下简称《验证测试方案》），并按照《验证测试方案》进行现场/实验室测试，对测得的数据进行分析，评价"××技术"的性能情况。整个过程严格按照规范和《验证测试方案》进行，以确保获得高质量的数据和可靠的结论。

本声明简要介绍了对"××技术"的验证评价结论。

技术简介

下述技术简介的相关内容由技术持有方提供，经核实无异议。

······

验证测试简介

验证测试按照《验证测试方案》进行，验证测试时间自××××年××月××日开始至××××年××月××日结束，共××天。

测试对象

验证测试选择在······

具体工艺流程图：

测试条件及方法

实际测试条件：······

具体测试参数：

验证测试过程中，采集的样品有······，共计××个。

样品的采集和测定方法：······

验证评价结果

在验证测试期间，××技术可达到以下效果：

（1）

（2）

······

质量控制

本次 ETV 工作的全过程严格按照《环境保护技术验证　通则》《环境保护技术验证测试　通用规范》和《验证测试方案》进行，各环节均有相应的文件记录存档。

注：本报告根据《环境保护技术验证测试通用规范》的规定，在××应用现场，对××公司开发的"××技术"进行了××天验证测试，并按照《环境保护技术验证通则》完成。（验证评价机构名称）不保证或暗示该技术在其他使用条件下都呈现与验证评价结果完全一致的技术性能，也不构成对本报告中所涉及企业与产品的认证。用户在使用该技术时，应按照国家和地方的相关法律、规章、标准和规范执行
相关文件获得途径： （验证评价机构名称） 地址： 邮编： 电话： 网址：

环境保护技术验证评价　测试通用规范（试行）

（T/CSES-2—2015）

前　言

为规范环境保护技术验证评价联盟成员单位实施的环境保护技术验证评价工作，促进环境保护技术的创新、示范和推广，制定本规范。

本规范是一个技术指导性文件，用来指导参与验证评价各方在测试过程中，获得与本规范要求相一致的完整、高质量、可靠、精确有用的数据。

本规范规定了环境保护技术验证评价测试（以下简称测试）程序及通用技术要求。

本规范由中国环境科学学会起草，经环境保护技术验证评价联盟技术委员会第一次全体会议审议通过，以中国环境科学学会团体标准的形式发布。

1　适用范围

本规范规定了验证评价测试的内容和程序，测试报告的编写和审查，质量管理等技术性要求。

本规范适用于测试机构及人员从事环境保护技术验证评价测试的活动。

2　规范性引用文件

GB/T 4891　为估计批（或过程）平均质量选择样本量的方法

GB 5080.2　设备可靠性试验　试验测试周期设计导则

HJ 494　水质　采样技术指导

GB 15618　土壤环境监测技术规范

GB 16157　固定污染源排气中颗粒物测定与气态污染物采样方法

GB 16889　生活垃圾填埋场污染控制标准

GB/T 19001　质量管理体系要求

GB/T 4883　数据的统计处理和解释　正态样本离群值的判断和处理

GB/T 6379.1　测量方法与结果的准确度（正确度与精密度）　第1部分：总则与定义

GB/T 19022　测量管理体系　测量过程和测量设备的要求

GB/T 27025　检测和校准实验室能力的通用要求

DL/T 986　湿法烟气脱硫工艺性能监测技术规范

HJ 493　水质　样品的保存和管理技术规定

HJ 495　水质　采样方案设计技术规定

HJ 516　医疗废物集中焚烧处置设施运行监督管理技术规范

HJ 630　环境监测质量管理技术导则

HJ/T 20　工业固体废物采样制样技术规范

HJ/T 91　地表水和污水监测技术规范

HJ/T 92　水污染物排放总量监测技术规范

HJ/T 166　土壤环境监测技术规范

HJ/T 229　医疗废物微波消毒集中处理工程技术规范（试行）

HJ/T 353　水污染源在线监测系统安装技术规范

HJ/T 354　 水污染源在线监测系统验收技术规范

HJ/T 355　水污染源在线监测系统运行和考核技术规范

HJ/T 356　水污染源在线监测系统数据有效性判别技术规范（试行）

HJ/T 373　固定污染源监测质量保证与质量控制技术规范（试行）

HJ/T 397　固定源废气监测技术规范

注：凡是本规范列明的规范性引用文件，其最新版本（包括修改单）适用于本规范。

3　术语和定义

相关术语、定义、缩略语参见《环境保护技术验证评价　通则》。

4　测试技术要求

4.1　测试方案的制订

4.1.1　按照验证评价方案中确定的验证评价指标制订详细的测试方案，明确测试指标、测试周期、采样频率、采样地点、样品保存和分析方法等，并纳入验证评价方案中。

4.1.2　当经技术审核，已有数据不能完全满足验证评价要求时，应制订补充测试方案。

4.2　测试周期的确定

4.2.1　测试周期确定原则

测试周期应根据以下原则，由验证评价机构、测试机构、验证评价专家组结合实际情况确定：

（1）应满足验证评价技术性能的有效性和可靠性，运营维护管理的稳定性和经济性，以及操作难易程度的要求；

（2）应反映被评价技术对环境条件的适应性，例如：低温条件对某污水生物处理技术运行稳定性影响较大，测试周期应至少涵盖1个月低温期；

（3）应反映被评价技术对特征污染物的去除效果；

（4）应反映污染物负荷周期变化和抗冲击能力，必要时，可考虑在极端条件下测试；

（5）应反映工业行业生产周期特点，针对连续生产和间歇生产分别设定测试周期。其中，对生产周期小于 2 d 的行业或企业，测试周期不能少于 14 d；

（6）在考虑科学合理采样频率的条件下，应满足数据评价最低样本数要求。

4.2.2 测试周期推荐值

4.2.3 常见技术类别测试周期的推荐值见表 1，其他技术类别可根据技术特点，按照 4.2.1 原则，参照表 1 确定：

表 1 常见技术类别测试周期推荐值

技术领域	技术类别	测试周期推荐值	主要考虑因素
水污染防治技术	生物处理技术	现场测试不少于 90 d（水质、环境条件较稳定的实验室测试不少于 60 d）	环境温度变化、负荷波动、生产周期、系统恢复能力
	物化处理技术	不少于 45 d	负荷变化、生产周期
大气污染防治技术	电除尘技术	不少于 30 d	负荷变化、生产周期
	袋式除尘技术	不少于 90 d	负荷变化、生产周期、滤料性质
	脱硫、脱硝技术	不少于 30 d	负荷变化、生产周期
	VOCs 回收与治理技术	不少于 30 d	负荷变化、生产周期
固体废物物处理处置与资源化	焚烧处理技术	不少于 30 d	负荷变化、生产周期
	固体废物生物处理资源化	不少于 90 d	环境温度变化、物料与负荷变化
监测技术	连续监测仪器	不少于 30 d。当需进行现场比对时，现场比对时间不少于 60 d	环境条件、污染物组分
	便携式现场监测仪器	不少于 15 d	环境条件、污染物组分
环境材料技术	生物药剂	现场测试不少于 90 d（水质、环境条件较稳定的实验室测试不少于 60 d）	环境温度变化、负荷波动
	物化药剂与材料	不少于 15 d	负荷波动、生产周期

4.2.4 测试周期的调整

4.2.4.1 测试过程中，因负荷波动、设备故障等原因造成干扰测试或暂停测试的时间不应超过测试周期的 30%。当不超过 30% 时，应顺延测试时间，按验证评价方案完成测试工作；当超过 30% 时，应中止本次测试，并由验证评价各方协商提出应对方案。

4.2.4.2 故障排除后，需要重新启动和调试的技术应在调整稳定后再进行测试，并顺延测试时间。

4.3　样本数

4.3.1　一般规定

4.3.1.1　样本数应符合有关数据质量的标准和要求。

4.3.1.2　实际采集的样品数目可能大于这个标准，也可能小于这个标准，可根据验证评价技术的运行稳定性、测试费用等因素进行调整。如在实际测试过程中不能满足最低样本数要求，应在测试报告中做出解释，同时根据专家意见决定样本数是否可接受。

4.3.2　样本数估算

4.3.2.1　样本数的估算参照《为估计批（或过程）平均质量选择样本量的方法》（GB/T 4891）执行。

4.3.2.2　在测试中，当给定了测试的绝对误差限及标准差时，可以用下面公式估算测试所需样本数 N：

$$N = \left(\frac{U_{1-\alpha/2} \times S}{E} \right)^2$$

式中：N——样本数，个；

$\quad U_{1-\alpha/2}$——给定置信水平 $1-\alpha$ 的标准正态分布的分位点。对于给定置信水平，其值可从正态分布数值表 GB/T 4086.1 查得；

$\quad \alpha$——显著性水平，估算时一般取 0.05（即置信水平 $1-\alpha$ 取 0.95）；

$\quad S$——标准差；

$\quad E$——绝对误差限，为样本平均值与样本期望的绝对值。

示例：对于某个指标，给定标准差 S 为 0.6，绝对误差限 E 为 0.2，置信水平 $1-\alpha$ 取 0.95，计算得测试所需样本数 N 约为 36 个。

4.3.2.3　评价指标数据符合正态分布且确定使用 GB/T 4889 中的统计方法进行评价时，有效样本数应不少于 20。环境效果指标一般应为所需有效样本数的 120%。例如，当验证评价所需的有效样本数为 20 时，测试的实际样本数应不小于 24。

4.3.2.4　实际测试样本数应在估算得到的样本数基础上，综合考虑运行工艺稳定性情况、测试费用、测试时间等因素确定，样本数应有足够的代表性，且环境效果指标的样本数需要满足统计分析要求。

4.4　采样频率与采样时间点

4.4.1　采样频率、采样时间点应考虑生产周期、污染负荷变化、流量负荷变化、环境条件变化等因素，并结合样本数的要求确定。

4.4.2　采样频率、采样时间点的确定应遵循以下原则：

（1）应考虑不同的生产方式。对于连续生产，应反映日变化和周变化趋势；对于间歇生产，采样频率应与生产周期一致，并反映小时变化趋势。

（2）应考虑节假日、夜间、生产间隙，可适当减少采样频率。

（3）在极端运行和环境条件下，应适当加大采样频率。

（4）技术设施运行稳定时，可以适当减少采样频率；污染负荷或技术设施运行不稳定时，应适当加大采样频率。

4.5　样品采集与分析

4.5.1　样品采集与保存

应严格按照样品采集和保存的相关国家和行业标准执行：

（1）废水样品采样和保存应按照 HJ 494、HJ 495 和 HJ 493 的相关规定执行；

（2）废气样品采样和保存应按照 GB 16157 的相关规定执行；

（3）固体样品采样和保存应按照 HJ/T 20 的相关规定执行；

（4）土壤样品采样和保存应按照 GB 15618 的相关规定执行等。

4.5.2　检测方法

4.5.2.1　检测方法的选择原则如下：

（1）检测方法的选用应充分考虑目标污染物的相关排放标准规定、污染源的排放特点、污染物浓度的高低、所采用检测方法的检出限和干扰等因素。

（2）目标污染物相关的排放标准中有监测分析方法的规定时，应采用标准中规定的方法；未规定检测方法的，应选用国家或行业标准规定的方法。

（3）对于尚无检测方法标准的目标污染物，可采用国际标准化组织（ISO）或其他国家的等效方法标准（如 EPA、JIS 等），但其检出限、准确度和精密度应能达到质控要求，并在测试报告中列出标准文本。

（4）当国内外无可用的标准检测方法时，可选用《水和废水监测分析方法》（中国环境科学出版社，第四版）、《空气和废气监测分析方法》（中国环境科学出版社，第四版）中的方法。

4.5.2.2　当指标无现行的方法进行测试时，可由测试机构开发测试方法并进行必要的方法学验证，形成可操作的文件，并作为测试报告的附件。测试方法文件内容主要包括适用范围、监测点设置方法（如适用）、方法原理、试剂和材料、仪器和设备、样品结果计算及表示、检出限、精密度和准确度等。

5　测试程序

测试程序一般包括测试准备、测试实施、测试数据处理与分析、编制测试报告等步骤。测试流程见图 1。

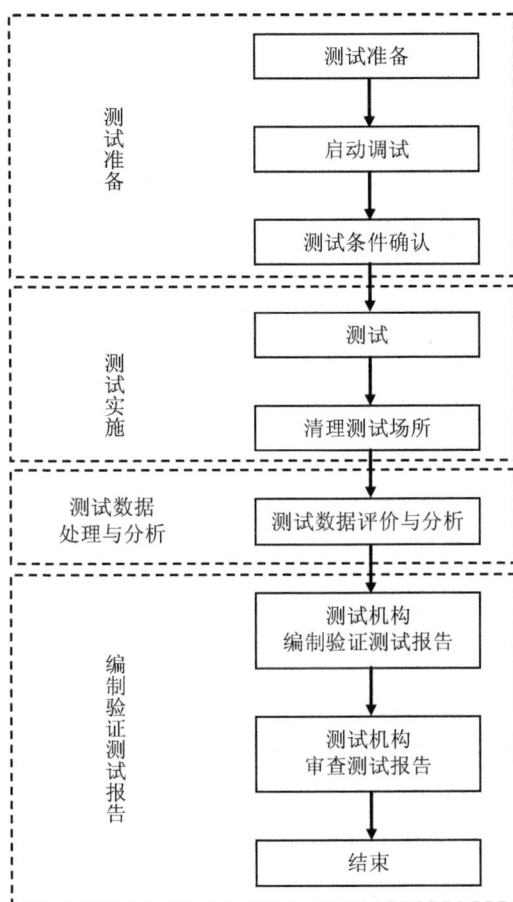

图 1 测试工作程序

5.1 测试准备

5.1.1 测试准备工作主要包括以下内容：

（1）按验证评价方案对测试对象（技术依托设施或实验设施）进行必要的改造，安装必要的计量设备，满足测试入场条件；

（2）在测试对象现场准备好测试期间所需的消耗品及技术设施的备品、备件；

（3）按测试方案备齐试验器材、耗材、药剂等；

（4）落实所有参与测试的人员及分工。

5.1.2 按照技术说明书和运营维护手册确定被评价技术的设施启动时间。若在规定启动时间内设施未能稳定运行，可适当延长启动时间，最长不超过规定启动时间的 2 倍。若仍无法稳定运行，应对验证评价方案进行必要的调整。在已实际运行的测试对象进行测试时，不需要进行启动。

5.1.3 评价委托方应对测试对象进行调试，使其达到技术设计正常工况条件，并满足测试对测试指标、污染负荷、环境条件等测试条件要求。

5.1.4　必要时，评价委托方应在测试调试前根据测试需要提供必要、充足的污染物特征及负荷等资料。如对水污染处理技术应提供污染物浓度、温度、pH、处理水量、流速等信息；对废气污染治理技术应提供污染物浓度、废气流量、废气压力、废气温度、水分含量等信息，以便测试机构了解该项技术运行和污染物负荷条件。

5.1.5　验证评价机构、测试机构、评价委托方等对测试对象（实验设施）的调试及测试现场的准备工作进行核实并确认，满足测试通用规范和验证评价方案的要求后，方可开始测试工作，测试开始后不得更改测试技术的工艺或现场。

5.2　测试实施

5.2.1　测试机构按照本规范及验证评价方案开始测试，并做好测试过程中的各种记录。

5.2.2　当测试需要使用测试对象现场的设备和仪器时，应提前进行检定和校准，以保证测试结果的客观、可靠。

5.2.3　当污染负荷波动超过正常测试条件时，应暂停测试，并详细记录负荷变化情况、原因、持续时间等。

5.2.4　测试过程中，当工艺或设备出现故障，应对故障持续时间、处理过程、发生原因、恢复情况做详细记录。不能满足正常测试条件时，应暂停测试。

5.2.5　测试过程中，因负荷波动、设备故障等原因造成干扰测试或暂停测试的时间，不应超过测试周期的 30%。当不超过 30%时，应顺延测试时间，按验证评价方案完成测试工作；当超过 30%时，应中止本次测试，并由验证评价各方协商提出应对方案。

5.2.6　在测试过程中如需对验证评价方案进行重大调整（如测试对象更换调整、测试周期更改等），测试机构应与验证评价机构、评价委托方协商确定，并经联盟秘书处审核同意后方能进行调整。

5.2.7　测试机构应定期对测试数据进行有效性审核，对于可疑数据应分析原因，必要时重新测试。数据有效性审核参见表 2。

表 2　数据有效性审核表

序号	审核条件	是否满足条件	
		是	否
1	样品的采集操作、保存、运输、分析是否按规定进行？		
2	测试时是否监测和记录了运行条件和操作信息（如采样点、采样员等等）？		
3	是否按规定校准了测试仪器和设备？		
4	样品采集过程是否有质量保证和质量控制措施？		
5	在样品分析中是否有质量保证和质量控制方面的考虑？		
6	样品处理和分析过程中是否进行了过程管理？		
7	测试数据是否有效？		

5.2.8　测试结束后，应对测试对象现场进行彻底清理，恢复到日常状态。同时应以不产生二次污染为基本准则，对测试过程中产生的废物进行妥善处理。

5.3　测试数据处理与分析

5.3.1　一般规定

5.3.1.1　测试数据的处理按照 GB/T 6379.1 进行。

5.3.1.2　数据可以用图或表格形式表述，也可以用绝对量、相对量、最大值、最小值、范围、均值来表述，但要做相应的说明。

5.3.2　准确度与精密度

5.3.2.1　准确度

在对每批次样品进行分析时，需对一个已知浓度的标准样品或自配标准溶液进行同步测定，若标准样品测试结果超出保证值范围，或自配标准溶液分析结果相对误差超出 ±10%，应查找原因，予以纠正。

5.3.2.2　精密度

采用平行样测定结果判定分析的精密度时，每批次监测应采集不少于10%的平行样，样品数量少于 10 个时，至少做 1 个样品的平行样。若测定平行双样的相对偏差在允许范围内，最终结果以双样测定值的平均值报出；若测试结果超出规定允许偏差的范围，在样品允许保存期内，再加测一次，监测结果取相对偏差符合质控指标的两个监测值的平均值。否则该次监测数据失控，应重测。

5.3.3　数据处理

5.3.3.1　可采用统计的方法来确定测量数据的均值、偏差等，对于异常值可按照 GB/T 4883 处理。

5.3.3.2　必要时，测试结果应根据有关规定调整到标准状态。

5.3.3.3　常见的数据统计计算公式见附录 1。

5.3.3.4　对于连续监测数据，需要跟标准方法做比对，如果满足准确度要求可采纳连续监测数据；如果不满足准确度要求，则不能作为测试结果使用。

5.4　编制测试报告

5.4.1.1　测试完成后，测试机构应当按照本规范规定的格式和验证评价方案的要求编制测试报告。测试报告提纲详见附录 2。

5.4.1.2　测试机构应对测试报告进行审查，由测试机构相关负责人签字并加盖计量认证专用章和测试机构印章（或测试专用章）后，按照验证评价方案的要求提供正式报告原件。

6 测试的质量管理

6.1 一般规定

6.1.1 测试机构已通过省级以上计量认证,并持续保持具备保障分析活动质量所需的组织体系、质量保证体系、仪器设备、实验环境、人员、准确的量值传递和实验室管理制度。

6.1.2 测试机构应按照 GB/T 27025《检测和校准实验室能力的通用要求》、GB/T 19001《质量管理体系要求》和《环境保护技术验证评价 通则》建立质量管理体系,并有效实施。

6.1.3 测试应符合 HJ 630《环境监测质量管理导则》的要求。

6.2 测试过程的质量管理

6.2.1 测试过程应严格按照验证评价方案及相应的质量管理体系进行。

6.2.2 在测试过程中,所有设备的运行都必须在下列条件下进行操作:

(1)所有设备的操作按照操作规程(技术手册)进行;

(2)所有设备应按规定进行校准;

(3)按照正确的维修步骤进行设备维修。

6.2.3 在适合的时间间隔内应对所有过程变量进行监控,并以书面或电子格式(如 Excel)进行记录。

6.2.4 操作过程中出现与预期结果相反的结果时,操作条件和操作过程都应记录,并分析其原因。

6.2.5 测试过程质量管理的一般要求为:

(1)制定项目采样、分析以及审查工作的时间表,并认真执行;

(2)对于所有非标准的取样方法或测试方法,在使用前都应进行验证评价;

(3)对样品的采集、保存、运输、分析等过程都要建立严格的管理制度和程序;

(4)送样单位将样品送到实验室时,实验室业务负责人或样品管理员应会同送样人员按照有关规定,对样品的包装、容器、封口、送样单、分析项目、介质、保护方式、样品量等进行逐项检查、核对、签字验收;

(5)样品签收后,应进行登记、编号,在规定时间内进行分析检测;

(6)应按规定做好测试记录;

(7)应明确所有仪器、设备的校准要求,包括校准的标准和校准的方法等。

6.3 数据处理的质量管理

6.3.1 原始数据的质量管理应符合下列要求:

(1)现场采集数据时,测试人员应及时、准确地把数据填写在规定的记录表上。记录表中应包括测试的时间、地点、环境条件及遇到的问题、数据的计算等。

（2）测试人员现场采集数据后，应及时将原始数据记录表电子化并定期存档备份。

（3）应根据测量仪器、方法的精确度、准确度及相关要求，确定数据的有效数字。

6.3.2 数据处理过程中的质量管理应符合下列要求：

（1）测试人员对采集到的原始数据进行处理时，应确认使用的计量单位、计算公式；

（2）数据计算时应遵循先修约、后计算的原则，数字的修约规则按 GB/T 8170 执行；

（3）测量结果有效数字的位数不能低于方法检测限的有效数字的位数。

6.3.3 数据判定的质量管理

6.3.3.1 临界值、离群值的处理

（1）遇到临界状态，应反复进行多次测试，确保是由于技术原因产生的临界状态，将人为误差控制在最小范围内，并应以测试平均值作为结果，同时标注测量不确定度；

（2）可疑数值在未断定是异常值时，既不能用于平均计算，也不能任意舍去，应在数据记录中标明；

（3）试验中一旦发现明显的系统误差和过失误差，应随时剔除由此产生的数据。对疑似离群数据，应进行统计检验。

6.3.3.2 可疑值应按国家标准 GB 4883 中规定的方法判定。

6.4　回避与保密要求

6.4.1 当测试机构、验证评价机构、验证评价专家组等机构或人员与评价委托方存在利益关系时，应主动回避。

6.4.2 测试机构、验证评价机构、验证评价专家组、测试对象所有者或运营方等机构和人员不得利用测试过程中获取的技术信息，从事与验证评价有利益关系的活动。

6.4.3 验证评价机构、测试机构、验证评价专家组、测试对象所有者或运营方等机构和人员应对整个测试过程中获取的技术和商业秘密保密。测试过程产生的数据、记录、报告等结果和文件，未经联盟秘书处同意不得对外公布。

附录 1　常见的数据统计计算公式

（1）算术平均值：

$$\bar{X} = \frac{\sum\limits_{i=1}^{n} X_i}{n}$$

式中：$\bar{X}$ —— n 次重复测定结果的算术平均值；

　　　n —— 重复测定次数；

X_i —— n 次测定中第 i 个测定值。

（2）中位数：

$$中位数 = \frac{第\frac{n}{2}个数的值 + 第\left(\frac{n}{2}+1\right)个数的值}{2} \quad (n\text{ 为偶数时})$$

$$中位数 = 第\left(\frac{n}{2}+1\right)个数的值 \quad (n\text{ 为奇数时})$$

（3）范围偏差（R），也称极差：

$$R = 最大数值 - 最小数值$$

（4）平均偏差（$\bar{d}$）：

$$\bar{d} = \frac{1}{n}\sum_{i=1}^{n}\left|X_i - \bar{X}\right|$$

式中：X_i —— 某一测量值；

$\bar{X}$ —— 多次测量值的平均值。

（5）相对平均偏差：

$$相对平均偏差（\%） = \frac{\bar{d}}{\bar{X}} \times 100$$

（6）标准编差（s）：

$$s = \sqrt{\frac{\sum_{i=1}^{n}(X_i - \bar{X})^2}{n-1}}$$

（7）相对标准偏差（RSD）：

$$RSD（\%） = \frac{s}{\bar{X}} \times 100$$

（8）误差：

$$误差 = 测定值 - 真值$$

（9）相对误差：

$$相对误差（\%） = \frac{测定值 - 真值}{真值} \times 100$$

（10）方差（s^2）

$$s^2 = \frac{\sum_{i=1}^{n}(X_i - \bar{X})^2}{n-1}$$

附录2 测试报告参考格式

测试报告

1 测试报告摘要

2 测试项目简介

介绍测试项目的基本情况，包括技术自我声明、测试目标及内容、技术简介、评价委托方简介、测试机构及人员基本情况、测试时间等。

3 验证评价技术及测试对象（技术依托设施或实验设施）

验证评价技术的情况：基本原理、适用范围、工艺流程、设计指标、污染物浓度变化情况及负荷、环境绩效、技术所使用主要设备等。

测试对象（技术依托设施或实验设施）的情况：基本情况、设备详述、操作条件、操作参数及运行条件等。

4 测试过程

详细介绍以下内容：

测试对象（技术依托设施或实验设施）的准备情况：改造情况、工艺启动和调试、计量设备的安装情况等；

数据采集与分析：采样（采样时间、采样点、采样方法、采样频率）；样品运输和保存过程、样品分析情况（测定的指标、测试方法、质量保证和质量控制）等；

工艺运行情况：测试过程中的工艺运行情况，运行记录、故障及恢复记录（包括验证评价技术设施故障及生产设备故障、可能影响测试指标的环境条件和负荷变化情况等）。

5 测试数据的处理与分析

用常见的统计方法对数据进行处理，对采样的有效性、准确度及精密度进行分析评论，对所使用的质量保证和质量控制步骤进行分析评论。对非正常的操作和条件的记录进行分析。

6 测试结果

根据验证评价方案，对每一个测试指标，通过文字、表格、图等对测试数据和结果进行整理，并给出结果。

附录：测试工作方案、数据记录、运行记录、测试方法（国外标准或非标准方法）、必要的数据处理方法和过程等。

环境管理　环境技术验证

GB/T 24034—2019/ISO 14034：2016

前　言

本标准按照 GB/T 1.1—2009 给出的规则起草。

本标准使用翻译法等同采用 ISO 14034：2016《环境管理　环境技术验证》。

与本标准中规范性引用的国际文件有一致性对应关系的我国文件如下：

——GB/T 27025—2008　检测和校准实验室能力的通用要求（ISO/IEC 17025：2005，IDT）

本标准由全国环境管理标准化技术委员会（SAC/TC 207）提出并归口。

本标准起草单位：中国标准化研究院、中国环境科学学会、国合千庭控股有限公司、天津市环科检测技术有限公司、中国环境科学研究院、浙江宜可欧环保科技有限公司、绍兴市固体废物管理中心、江苏蓝创智能科技股份有限公司、生态环境部南京环境科学研究所、北京市环境保护科学研究院、中环联合（北京）认证中心有限公司、中国环境保护产业协会、中日友好环境保护中心（生态环境部环境发展中心）、中国科学院北京综合研究中心、光大环保（中国）有限公司、深圳市能源环保有限公司、山西西山煤电股份有限公司。

本标准起草人：王秀腾、王志华、王乃丽、许春莲、邵焜琨、戚杨健、杨朔、林翎、王睿、刘玫、高强、陈扬、薛亦峰、张伟、黄红娟、张后虎、许晓伟、周才华、蒋进元、邵中平、王金梅、刘尊文、闫政、石爱军、江磊、刘娟、刘媛、刘世伟、付军、李安定、李燚佩、杨卉、张中华、郑隆武、车磊、苏小江、权晓英、李倬舸、刘汉俊、薛丽萍、孙娜。

引　言

环境技术验证（ETV）的目标，是为环境技术提供可信、可靠和独立的绩效评价。其中，"环境技术"是指那些具有环境增益的技术，或是可检测环境影响指标的技术。在应对环境挑战和实现可持续发展的过程中，这类技术会起到越来越重要的作用。

ETV 致力于促进新兴环境技术的市场推广，尤其那些具有更好环境绩效的技术，最终达到保护环境的目的。ETV 尤其适用于那些无法用当前标准评估其创新性和绩效的环境技术。ETV 基于可靠的测试数据，通过客观证据为环境技术的绩效提供一个独立而公正的验证。ETV 旨在提供客观数据支撑相关方做出决策，提高新技术性能评价的可信度。

1995 年，ETV 制度首先在美国建立，随后引进到加拿大、日本、韩国、菲律宾和部分欧盟成员国。在这些国家，许多环境技术的绩效已在国家或国际 ETV 项目中得到验证。过去 10 年里，各个验证评价系统对双边验证和联合验证的兴趣越来越大。2008 年，为了加快 ETV 的国际整合和互认，来自加拿大、美国、日本、韩国、菲律宾和欧盟委员会的专家们，组成了 ETV 国际工作组（IWG-ETV）。工作组一致认为，建立国际标准对 ETV 过程进行标准化，是在世界范围内建立可信和可靠的 ETV 程序的必由道路。

1 范围

本标准规定了环境技术验证的原则、程序和要求。

2 规范性引用文件

下列文件对于本文件的应用是必不可少的。凡是注日期的引用文件，仅注日期的版本适用于本文件。凡是不注日期的引用文件，其最新版本（包括所有的修改单）适用于本文件。

GB/T 27020—2016 合格评定 各类检验机构的运作要求（ISO/IEC 17020：2012，IDT）

ISO/IEC 17025 检测和校准实验室能力的通用要求（General requirements for the competence of testing and calibration laboratories）

3 术语和定义

下列术语和定义适用于本文件。

3.1 与组织相关的术语

3.1.1 组织 organization

为实现目标，由职责、权限和相互关系构成自身功能的一个人或一组人。

注 1：组织包括但不限于个体经营者、公司、集团公司、商行、企事业单位、政府机构、合股经营的公司、公益机构、社团，或上述单位中的一部分或结合体，无论其是否具有法人资格、公营或私营。

［GB/T 24001—2016，定义 3.1.4］

3.1.2 验证机构 verifier

开展环境技术验证（3.3.5）的组织（3.1.1）。

3.1.3 测试机构 test body

为进行环境技术（3.3.4）测试，提供测试环境、执行测试，并且提供测试方案和测试报告的组织（3.1.1）。

3.1.4　申请方　applicant

申请按照环境技术验证（3.3.5）程序对所提交技术的绩效（3.4.1）进行验证的组织（3.1.1）。

例如：技术开发者、制造者、供应者、获得合法授权的组织代表。

3.1.5　相关方　interested party

对被验证技术有影响、受到或自认为受到环境技术验证（3.3.5）结果影响的个人或组织（3.1.1）。

例如：消费者、用户、共同体、供应者、开发者、制造者、投资者、执法者和非政府组织。

3.2　与验证相关的术语

3.2.1　验正　verification

通过客观依据对技术性能进行确认的活动 。

3.2.2　验证方案　verification plan

为执行环境技术验证（3.3.5）而准备的详细方案文件。

3.2.3　验证报告　verification report

详述环境技术验证（3.3.5）过程和验证结果的文件。

3.2.4　验证声明　verification statement

对环境技术验证（3.3.5）结果进行简要总结的文件。

3.2.5　测试方案　test plan

为开展测试、获得测试数据而对原则、测试方法、测试条件、程序及数据质量（3.2.6）进行明确描述的方案文件。

3.2.6　数据质量　data quality

数据在满足所声明的要求方面的能力特性。

［GB/T 24040—2008，定义 3.19］

3.2.7　测试报告　test report

描述测试条件和结果的文件。

3.3　与技术相关的术语

3.3.1　技术　technology

为解决问题及促成产品（3.3.2）或过程（3.3.3）实现，而应用的科学知识、工具、技术、工艺或系统。

3.3.2　产品　product

任何商品或服务。

3.3.3　过程　process

将输入转化为输出的一系列相互关联或相互作用的活动。

［GB/T 24001—2016，定义 3.3.5］

3.3.4　环境技术　environmental technology

能够产生环境增益（3.3.7）或能够测量表征环境影响（3.3.6）的参数的技术（3.3.1）。

3.3.5　环境技术验证　environmental technology verification

由验证机构（3.1.2）对环境技术（3.3.4）的绩效（3.4.1）进行的验证（3.2.1）。

3.3.6　环境影响　environmental impact

通过原材料获取、设计、生产、技术（3.3.1）的使用或停用等活动，对环境造成不利或有利的、全部或部分的改变。

3.3.7　环境增益　environmental added value

与相关替代技术（3.3.8）相比，某技术（3.3.1）产生有益的环境影响（3.3.6）或减少不利的环境影响。

3.3.8　相关替代技术　relevant alternative

与进行环境技术验证（3.3.5）来验证其绩效（3.4.1）的环境技术（3.3.4）相比，具有类似或相同使用情境（或功能）的技术（3.3.1）。

3.4　与绩效相关的术语

3.4.1　绩效　performance

可测量的结果。

注：绩效与可测量结果相关。这些可测量结果应由数值量化的证据支持。

3.4.2　绩效声明　performance claim

申请方（3.1.4）宣称的，关于环境技术（3.3.4）绩效（3.4.1）的说明。

3.4.3　绩效指标　performance parameter

代表一项技术（3.3.1）的绩效（3.4.1）的量化的或其他可测量的因子。

4　基本原则和要求

4.1　原则

4.1.1　基本原则

环境技术验证的目的是提供可靠、公正的环境技术绩效数据。环境技术验证依据一系列基本原则开展，以确保验证过程及报告准确、清晰、明确和客观。

4.1.2　基于事实的方法

验证声明以真实、相关的证据为依据，客观地证实环境技术的绩效。

4.1.3   可持续发展

环境技术验证是支持可持续发展的一种手段,通过提供可靠的环境技术绩效信息来体现。

4.1.4   透明度和可信力

环境技术验证以可靠的测试结果和坚实的程序为基础,通过验证方法和数据的充分公开,使报告清晰、完整、客观、满足各相关方要求,促进验证程序不断发展。

4.1.5   灵活性

为使验证结果的效用最大化,环境技术验证允许在绩效指标和测试方法上具有一定灵活性。这种灵活性通过申请方、验证机构和相关方之间的协商实现。

4.2   要求

对环境技术绩效进行验证时,应采用和执行本标准和 GB/T 27020—2016 的要求。

本标准与 GB/T 27020—2016 之间的关系参见附录 A。

5   环境技术验证

5.1   总要求

本章概括了环境技术验证的关键程序:

——申请;

——验证准备;

——验证;

——报告;

——后续工作。

除非另有规定,验证程序由验证机构执行。

验证程序概览参见附录 B;本标准使用指南参见附录 C。

5.2   申请

5.2.1   申请要求

申请方应至少向验证机构提供以下信息:

a)申请方信息,包括名称和通信地址。

b)技术描述:

1)技术的唯一标识符(如商业名称、识别编号或版本编号)。

2)用于描述技术预期用途的相关信息:

i)技术用途;

ii)技术预期作用的介质类型;

iii)受技术影响的可测量指标及技术作用原理。

注 1：可提交多种技术用途、作用介质类型和多个可测量的性能指标。

3）与技术的运行和绩效相关的详细信息。

4）技术当前开发状态和市场化程度。

注 2：申请验证的技术，应该确保已上市销售，或在进入市场之前，不会发生影响其技术绩效的实质性改变。

5）提供可替代技术的相关信息，包括这些技术的相关绩效和环境影响。

6）在可能的情况下，提供拟验证技术的重要的环境影响和环境增加值信息。

c）绩效声明，包括所建议的一组绩效指标以及被验证的绩效指标数值。

d）用于支持绩效声明的已有数据和获得这些数据的方法。

e）与技术及其使用有关的相关法律要求或标准。

f）必要时，需提供技术应用时须遵守的行政管理要求说明。

g）各相关方关注的其他信息，包括但不限于：

1）安装、运行的相关要求和条件；

2）服务和维护要求；

3）正常运行条件下的预计有效工作时间；

4）健康和安全方面的要求和注意事项。

5.2.2　申请材料审核

5.2.2.1　管理审核

对所提交的申请材料进行审核，确保所需全部信息已按照 5.2.1 的要求提供。

5.2.2.2　技术审核

技术审核应确保：

a）技术符合环境技术（3.3.4）的定义；

b）申请技术的绩效声明满足相关方的需求；

c）技术信息满足绩效声明的审核需求。

开始验证前，应解决与申请受理或拒绝相关的所有问题。这些问题可来自管理审核或技术审核阶段。无论验证申请被受理或拒绝，都应与申请方沟通，并告知理由。

5.3　验证准备

5.3.1　确定验证绩效

在制订验证方案之前，应通过与申请人协商确定被验证的性能参数，用以表征技术绩效。在选择性能参数时，应至少考虑以下内容：

a）选择的参数与环境技术绩效和环境增加效益（如果适用）的验证具有相关性，并且可以充分证明环境技术绩效和环境增加效益（如果适用）；

b）完全满足相关方的需求；

　　c）参数可量化，可以通过测试进行验证；

　　d）参数数值可以在设定的技术运行条件下得到验证；

　　e）可参考的现有验证方案和相关技术参考文件，包括最好为国家标准的标准化测试方法。

5.3.2　验证方案

　　验证方案应当详细说明技术的验证程序和被验证的参数。验证方案中的测试条件应与 5.3.1 中规定的运行条件一致。

　　验证方案应至少包括以下内容：

　　a）验证机构的身份识别信息；

　　b）与 5.2.1 中相关信息一致的申请方信息；

　　c）验证方案的唯一识别信息以及发布日期；

　　d）与 5.2.1 中相关信息一致的对所验证技术的描述；

　　e）在 5.3.1 中规定的性能参数列表、参数数值，以及对性能参数验证过程的描述；

　　f）验证过程的技术细节、操作细节；

　　g）测试数据的质量、数量、测试条件等相关要求；

　　h）评估测试数据质量的方法。

　　注 1：宜采用技术科学界广为接受的质量等级（包括再现性、重复性、信任区间、精确度、不确定性等）要求验证数据及其质量。若科学领域目前不存在相关内容，可以参照工业领域的数据质量要求。

　　注 2：宜尽可能使用或参考现有的验证方案和类似技术参考文件，包括适用的法规、标准方法，最好为国家标准。

5.4　验证

5.4.1　总则

　　应该按照以下程序进行验证：

　　a）审核已有数据是否满足验证需要；

　　b）如必要，需获取补充测试数据；

　　c）评估测试数据，确认技术绩效是否成立。

5.4.2　审核已有数据

　　在验证之前，如果申请人提供的已有测试数据符合下列要求，则可被接受用于验证：

　　a）已有数据与被验证的绩效有相关性；

　　b）数据的产生及数据报告符合 ISO/IEC 17025 要求；

　　c）数据符合验证方案中规定的各项要求。

　　如果已有数据不能满足以上要求，应该与申请方沟通协商，以获取补充测试数据。

5.4.3　获得补充测试数据

如需获取补充测试数据，应与申请方进行沟通协商，且补充数据的产生过程应满足5.4.2 的要求。

5.4.4　确认绩效

应该按照验证方案中规定的绩效，对 5.4.2 中接受的已有数据以及 5.4.3 中获取的补充测试数据进行评估。

应基于对在相同条件、约束、限制下获得的验证测试数据的评估，得出是否确认技术绩效成立的结论。

5.5　报告编写

5.5.1　验证报告

验证报告应遵循验证方案，且至少包括以下内容：

a）验证机构的识别信息；

b）与 5.2.1 中相关信息一致的申请方信息；

c）验证报告的唯一识别信息以及发布日期；

d）验证日期；

e）与 5.2.1 中相关信息一致的对所验证技术的描述；

f）测试结果；

g）验证结果，包括验证结果对应的被验证的绩效、测试条件、约束条件和限制因素；

h）关于按照验证计划如何满足绩效验证和测试数据要求的情况说明，以及对于任何与相关计划偏离的情况报告；

i）验证报告应由验证机构签署或以其他方式表明批准。

如果报告中有必要包含环境技术验证过程中未经验证的信息，应进行清晰的说明和解释。此报告应该提交给申请方审查及评价，评价意见可酌情纳入验证报告中。

5.5.2　验证声明

应编写一份简短的文件概述验证报告。该文件至少应该包括以下内容：

a）验证机构的识别信息；

b）申请方的识别信息；

c）声明的唯一识别信息以及发布日期；

d）与 5.2.1 中相关信息一致的对所验证技术的简要描述；

e）验证结果的简要描述，包括验证结果对应的被验证的绩效、测试条件、约束条件和限制因素；

f）关于验证方案中按照验证计划对于如何满足绩效验证和测试数据要求的情况描

述，以及对于任何与相关计划偏离的情况报告；

g）理解和使用由验证机构提供关于报告被批准的签名或其他识别信息时，所需要的任何其他信息。

如果验证声明中有必要包含环境技术验证过程中未经验证的信息，应进行清晰的说明和解释。此声明应该提交给申请方审查及评价，评价意见可酌情纳入验证声明中。

5.6 后续工作

5.6.1 发布

验证结果应在一个公众可以获得的渠道中公开（如网站），可同时公布验证报告和验证声明，也可（至少）只公布验证声明。

申请方应将验证声明完整提供给相关方，不得出于任何目的部分地使用声明内容。

5.6.2 验证报告/验证声明的有效性

a）申请方应确保经验证的技术，与验证过程、发布的验证声明、验证报告所陈述的状况一致；

b）申请方对技术做出的任何更改，都应以书面形式通知验证机构。

基于申请方所提供的信息，验证机构应该就这些更改对于在验证条件下被验证的技术绩效的影响，来确定验证声明、验证报告的有效性。

如果确定验证声明和验证报告已经失效，应与申请方沟通协商，并公开相关信息。

可在验证声明内确定有效期。在有效期结束后，如果已验证技术的绩效在示范过程中未发生任何更改，可在相同条件下延长验证声明的有效期。

附录 A

（资料性附录）

本标准与 GB/T 27020—2016 之间的关系

本附录意在解释开展环境技术验证时（见 4.2），本标准与 GB/T 27020—2016 之间的关系。

在进行环境技术验证时，可能会用到更加具体的规则和程序，这些规则和程序不会对本标准及 GB/T 27020—2016 的相关规定进行省略或修改，只会进一步细化。

本标准与 GB/T 27020—2016 之间的关系，参见表 A.1。

表 A.1　本标准与 GB/T 27020—2016 重要条款的对应关系

GB/T 27020—2016 条款	本标准中的相应内容
1　范围	GB/T 27020 适用于本标准中的所有内容,涵盖整个环境技术验证过程
3.1　检验 对产品、过程、服务或安装的审查,或对其设计的审查,并确定其与特定要求的符合性,或在专业判断的基础上确定其与通用要求的符合性	GB/T 27020 中针对从事检验活动组织的规定,同样适用于本标准中的从事验证的组织。参见"验证"的定义（3.2.1）
3.5　检验机构 从事检验活动的机构	本标准中对于验证机构的定义与 GB/T 27020 对检验机构的定义一致;同时,GB/T 27020 中对检验机构的各种要求适用于本标准中的验证机构 参见"验证机构"的定义（3.1.2）
3.6　检验制度 规则、程序和实施检验的管理	本标准所述的环境技术验证可视为一种检验制度
3.7　检验方案 使用了相同的规定要求、特定规则和程序的某项检验制度。 注 1:检验方案可以在国际、区域、国家或国家之下的层面上运作。 注 2:方案有时也称作"计划"。 注 3:引用 GB/T 27000—2006 定义 2.8	本标准中的环境技术验证项目（通常在区域、国家或国际层面运作）,可视为与 GB/T 27020 相一致的一种检验方案
4.1　公平性和独立性	验证机构开展环境技术验证相关活动,应该以公正独立的方式执行,与 GB/T 27020—2016 中的 4.1 规定一致
4.1.6　检验机构的独立性程度应满足其所从事的服务所应具备的相应条件。基于这些条件,检验机构应满足附录 A 中规定的最低要求,概述如下: a）提供第二方检验的检验机构应满足 A.1 中 A 类检验机构（第三方检验机构）的要求	根据环境技术验证的目的,建议第二方验证机构满足 GB/T 27020—2016 中 A.1 要求
4.2　保密性 4.2.1　检验机构应通过具有法律效力的承诺,对在实施检验活动中获得或产生的所有信息承担管理责任。检验机构应将拟在公开场合发布的信息事先通知客户。除非客户公开的信息或检验机构和客户达成了一致（如对投诉做出的回应）的信息,其他所有信息都被认为是专有信息,应予以保密。 注:具有法律效力的承诺可能是合约协议等。 4.2.2　当检验机构依据法律要求或合约承诺授权发布保密信息时,除非法律禁止,应将所公开的信息通知相关的客户或个人。 4.2.3　检验机构从客户以外的渠道（如投诉人、监管机构）获得的有关客户的信息应予以保密	验证机构需要按照与申请方的协议对获得的信息予以保密,包括对验证报告和声明的发布（见本标准 5.6.1）。 当验证机构需要向其他参与验证的组织公开保密信息时,同样适用本条款

GB/T 27020—2016 条款	本标准中的相应内容
5.1 行政管理要求	要求验证机构满足 GB/T 27020—2016 中 5.1 中描述的所有要求
5.2.2 检验机构的组织和管理应能确保其保持开展检验业务所需的能力。 注：检验方案实施计划可以包含参与检验机构间的技术交流，以确保其保持相关的技术能力	要求验证机构满足 GB/T 27020—2016 中 5.2 中描述的所有要求。 为了保证验证机构开展环境技术验证的能力，根据本条款的注释，要求验证机构参与技术经验交流，包括职业技能提高和培训活动。这种活动应归档以符合 GB/T 27020—2016 中 5.1.3（这对 GB/T 27020—2016 中 5.2.5 和 5.2.6 同样适用）
5.2.4 如检验机构属于某个实体的一部分，而该实体还从事检验以外的其他活动，该实体的检验活动和其他活动间的关系应予界定	验证机构和测试机构应互相独立以确保工作的公正性。如果验证机构和测试机构属于同一法人实体，应证明两者的独立性和公正性
6 资源要求	相关在环境技术验证方面，标准 GB/T 27020—2016 第 6 章中所提到的人力资源，与验证机构及验证过程的其他分包合同参与方相关
6.3 分包 6.3.1 通常情况下，检验机构应自行执行合同任务。当检验机构分包检验工作的任何一部分时，应确保并能够证明该分包方有能力承担相应的检验活动，适当时，应符合本标准或其他相关合格评定标准中有关要求的规定	如本条款中所提到的，当进行环境技术验证时，需要由分包单位而非验证单位直接来承担某项活动时，视为分包。这也意味着验证机构需要为这些分包任务的执行及所提交的工作质量负责
7 过程要求	在环境技术验证方面，GB/T 27020—2016 第 7 章提出了本标准第 5 章所提出的关于验证程序的关键信息以及报告编制的规定要求
7.1.1 检验机构应根据所实施的检验活动，使用要求中规定的检验方法和程序。没有规定方法和程序时，检验机构应制定特定的检验方法和程序（7.1.3）。如果检验机构认为客户建议的检验方法不合适时，应通知客户。 注：进行检验所依据的要求通常在法规、标准、规范、检验方案或合同中规定。规范可能包括客户或内部要求	根据环境技术验证的目的，本标准的总体要求以及与所验证技术相关的其他要求，在可行条件下，可视为 GB/T 27020—2016 的 7.1.1 中所提到的方法和程序
7.1.2 当缺少形成文件的指导书可能影响检验过程的有效性时，检验机构应制定和使用针对检验计划、抽样和检验技术方面形成文件的指导书。适用时，检验机构应具备充分的统计技术知识，以确保统计学上合理的抽样程序以及对结果的正确处理和解释	本条款明确了包括数据统计及其他数据质量控制方法在内的验证计划要求。GB/T 27020—2016 的 7.1.2 专门适用于本标准 5.3（验证准备）和 5.4（验证）的具体条款要求
7.1.3 当检验机构必须使用非标准的检验方法或程序时，这些方法和程序应合理并形成完整的文件。 注：标准检验方法是一种公布的方法，如公布在国际、区域或国家标准中，或由知名的技术组织或几个检验机构联合发布，或发表在相关的科学文献或期刊中。这意味着由其他方式制定的方法，包括检验机构本身或客户制定的方法，均被视为非标准方法	本标准中的验证要求应被视为一种标准化的验证过程。GB/T 27020—2016 中的 7.1.3 通常适用于本标准的第 5 章

GB/T 27020—2016 条款	本标准中的相应内容
7.1.6　当检验机构使用任何其他方提供的信息作为检验机构做出符合性决定的一部分，应验证该信息的完整性	这些要求包括测试机构提供的数据，并应确保测试机构满足 ISO/IEC 17025 的要求。 这也适用于 GB/T 27020—2016 中的 6.3 涉及的验证机构委托的分包商也应执行相应要求
7.4　检验报告和检验证书 7.4.2　任何检验报告/证书应包括所有以下内容：a）签发机构的标识；b）唯一性标识和签发日期刊；c）检验日期；d）检验项目的标识；e）获授权人员的签名或其他批准标记；f）适用时的符合性声明；g）检验结果，7.4.3 所列情况除外	本标准 5.4 所描述的验证报告和声明中至少要包括的内容，包含了 GB/T 27020—2016 7.4.2 中所规定内容。 注：基于本标准的目的，验证声明等同于检验证书，验证报告等同于检验报告
7.4.3　只有当检验机构还给出含有检验结果的检验报告，且检验证书和检验报告互相可追溯时，检验机构方可签发不包括检验结果（7.4.2）的检验证书	如本标准 5.5 所述，验证声明应包括验证结果概述、验证报告应根据该条款将完整的验证结果包含在内
7.5　投诉和申诉 7.6　投诉和申诉过程	本标准中所涉及的投诉和申诉都应遵守 GB/T 27020—2016 7.5 和 7.6 中所规定的要求完成
8　管理体系要求	在 ETV 中，本标准所有相关方的活动，应遵循 GB/T 27020—2016 第 8 章对管理体系的要求

附录 B

（资料性附录）

环境技术验证程序概览

程序	验证机构	申请方	测试机构
申请 （5.2）	申请材料审核（5.2.2） 接受？	申请要求（5.2.1）	
验证准备 （5.3）	规定被验证的绩效 验证方案（5.3.2）	咨询	
验证 （5.4）	接受已有数据 满足对数据的要求 确认绩效（5.4.4）	咨询	获得补充测试数据（5.4.3）
报告 （5.5）	验证报告（5.5.1） 报告 验证声明（5.5.2） 声明	咨询 咨询	
后续工作 （5.6）	发布（5.6.1）		

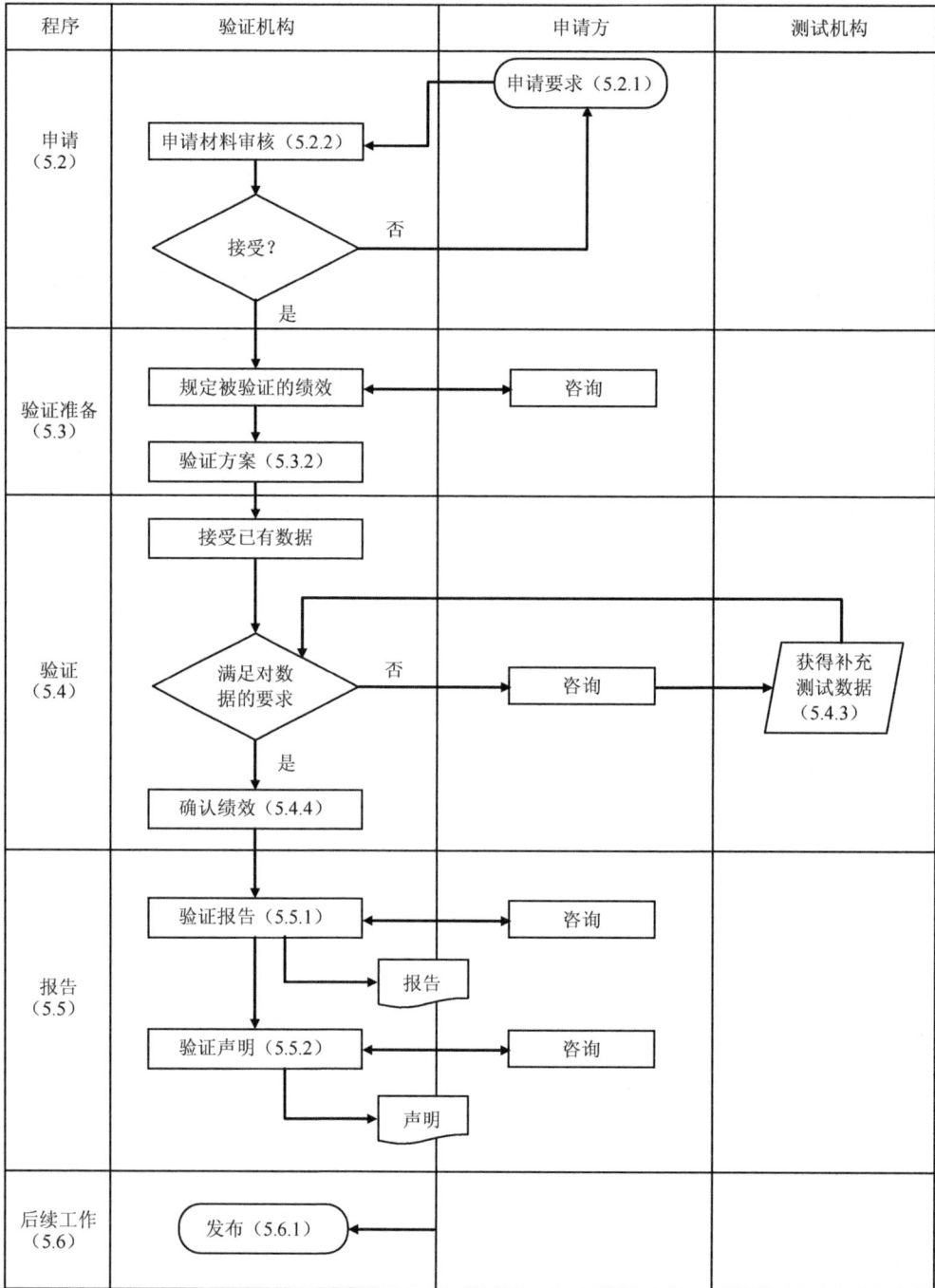

图 B.1　环境技术验证程序概览

附录 C

（资料性附录）

本标准的使用指南

表 C.1 中给出的指导是翔实的，旨在防止误解第 5 章所包含的要求。本指南强调并与第 5 章的要求保持一致，且不会添加、减少或以任何方式修改第 5 章的要求。

表 C.1　本标准的使用指南

第 5 章中的要求	指南
5.2　申请	本条款规定了申请验证某一项环境技术所需提供的必要信息。在启动验证程序之前，验证单位应检查确认是否提交了全部必要信息
5.2.1　申请要求	
a）申请方信息，包括名称和通信地址	如果申请单位是几个机构的联合体，无论是否已经事先达成了书面联名协议，仍应该合法授权一个代表机构，作为联合体与验证机构之间各种安排的沟通媒介。在验证过程中形成的所有文件都应对联合体的各个组成机构有所提及
b）2）用于描述技术预期用途的相关信息	申请验证的某一项环境技术应充分表述出该技术的应用范围（如所解决的问题）、针对的物质介质（如土壤、饮用水、地下水，等等）和该项环境技术应用后那些易于检测的特性以及如何对环境产生影响等。 申请验证的某一项环境技术提供的信息可以有所区别，根据其是否增加环境效益（例如水/空气/土壤治理、资源循环使用、重复利用某一种物质、能源生产以及提高能效的技术）或者是可以表征环境影响和（或）环境质量的检测技术（如监测技术、试剂盒、探测器、分析仪器等）。 例如，申请验证的环境附加值类技术可以表述为：技术用途为通过降低硝酸盐浓度（该技术产生影响的可检测的指标表达为 $mg\ NO_3^-/L$），去除（影响方式）城市废水（物质介质）中的营养盐。申请验证的表征环境影响和（或）环境质量的检测类技术用途可以表述为：技术用途为检测（影响方式）饮用水（物质介质）中的总大肠菌群（通过每毫升饮用水中微生物的数量表征环境影响）
b）3）与技术的运行和绩效相关的详细信息	申请单位需提供申请验证环境技术的详细信息，例如该项环境技术的概念设计方案和技术原理。如有必要，验证机构可以要求申请方提供技术操作手册作为补充
b）4）技术当前开发状态和市场化程度	申请验证的环境技术要么已经在市场上应用，要么至少在验证之后进入市场之前技术绩效不会再发生重大变化。 申请验证环境技术的开发状态可以用技术成熟度水平进行表述。如果所验证的技术是中试技术或原型技术，那么需要在验证声明中应指出，并说明现阶段技术与完整版/最终版技术的区别，以及现阶段技术升级到商业版本的所需要的条件

第 5 章中的要求	指南
b）5）提供可替代技术的相关信息	提供相关可替代环境技术信息以便确认申请验证的环境技术效益。 相关可替代技术可以为其提供基准效能的基准，例如： ——目前最佳可用技术； ——市场上已有相近应用和用途的技术； ——具有和申请验证技术具备类似应用和产出的环境技术； ——最新的体现最高水平的环境技术。 请注意避免选择那些绩效差的环境技术或者不相关的环境技术进行比较，确保不是因为参照技术绩效差而得出的积极对比结论。 如果申请验证的是一种全新的技术方法，相关可替代技术可以是商业模式成熟、目前应用于类似用途的环境技术（或多种技术的组合）。 例如：对一种之前从未回收过的废弃物进行循环利用的环境技术，相关可替代技术可以是非循环利用的任何废弃物处置方法，如填埋和焚烧工艺。提供的相关可替代技术申请应对市场和对比技术用途相当了解，包括具体的环境影响和环境增加效益值。在验证前的准备程序中，验证机构将与申请单位和利益相关方进行充分沟通，对提供的相关可替代技术进行评估，确保其可为申请验证的环境技术效能提供一个适当的评估基准
b）6）在可能的情况下，提供拟验证技术的重要的环境影响和环境增加值信息	对于申请验证的环境附加值类技术应特别提供相关信息，环境影响和环境质量检测类技术的相关信息可以适当简化。技术评估程序中将充分考虑相关可替代技术以及这部分信息内容，以判断申请验证的技术是否适满足环境技术的要求。 申请单位应提供申请验证环境技术与相关可替代技术在环境影响方面有哪些显著不同，尽可能多地提供定性定量的信息（如原材料、水、能源和其他消耗品的使用，此技术相关的污染物排放、产品和废弃物产生）。 申请单位应提供的显著环境影响应包括以下几个方面： ——申请验证的环境技术是否是一种工艺过程、产品或是服务； ——技术的创新性； ——需要被验证的绩效； ——利益相关方对该项环境技术的关注。 申请单位还应提供与相关可替代技术相比，申请验证的环境技术在不同工艺不同阶段所产生的环境影响（如原料获取、设计、加工、使用及末端处理）。 示例：如一项使用可降解材料的申请验证技术，与使用传统材料的相关可替代技术相比，除提供其生产、使用过程中的信息之外，还需提供在原料获取、废弃物处置方面的环境影响信息。如申请验证的环境信息与相关可替代技术相比，为提高其使用阶段的效率采用了不同的生产工艺流程，但没有增加对自然资源的消耗，则应提供使用该项技术的生产和使用阶段的相关环境影响信息

第 5 章中的要求	指南
c）绩效声明	由申请方提出的绩效声明应简要地对该技术在具体预期应用中和特定的运作条件下的功能和绩效做出说明，包括其制约和限制因素。绩效声明应反映申请验证技术的创新性。 环境检测类技术和环境附加值类技术申请验证时可提供的绩效参数示例如下： ——检测极限：达到的净化效果； ——适用范围：净化效果的范围； ——精密度（可重复性/再现性）：副产物的形成； ——稳定性：化学残留； ——准确度：水、气、土壤的排放量； ——特征：产生废物； ——干扰因素：能源效率； ——线性：资源使用。 环境检测类技术和环境附加值类技术申请验证时可提供的绩效声明示例如下： 例 1：环境附加值类技术——水消毒技术 与水消毒技术有关的废水处理技术绩效可表述为：应用于工业废水处理和回用的 ABC 技术，在进水导电性大于 250 μS/m、环境温度在 5～35℃以及入水的氧化物含量在 15 ppm（百万分之一）以上的运行条件下，其细菌去除效率达到 99.9%，出水含氯量低于 0.5 mg/L，二氯甲烷含量低于 100 μg/L。 例 2：检测类环境技术：汽车尾气排放检测技术 检测类技术可表述为：汽车尾气排放检测的 XYZ 技术，实时在线检测一氧化碳（CO）、二氧化碳（CO_2）、烃类（HC）和氮氧化物（NO_x）等指标，其检测范围如下： ——CO 检测范围：0～13 g/km，准确度：2.54±1.12； ——CO_2 检测范围：300～620 g/km，准确度：3.17±1.40； ——HC 检测范围：0～1 g/km，准确度：6.04±2.66； ——NO_x 检测范围：0～1.4 g/km，准确度：4.03±1.78。 例 3：检测类环境技术：检测效率 检测类技术绩效声明也可以表述为其应用比相关可替代技术检测速度更快、成本更低。例如：一项环境检测技术可以在少于 1 h 的时间里，检测现场的真菌和细菌浓度，比一般技术用时更短。该项技术支持水和空气质量的现场检查和监测，可以避免和控制微生物污染、尽快进行污染修复从而保护公众健康
d）用于支持绩效声明的已有数据和获得这些数据的方法	在进行绩效验证工作时，可采纳或部分采纳先于验证工作之前的既有测试数据。 在技术审核工作中，应对既有数据进行评估后有条件地接受。这一数据验证和认可过程是验证程序的一部分
e）与该技术和使用技术的相关法律要求或标准	识别那些与技术应用相关的标准，主要包括直接与技术绩效和应用相关、支撑相关数据的测试与测量，以及环境影响的量化方法等方面的标准

第 5 章中的要求	指南
f）必要时，需提供技术应用时所须遵守的行政管理要求说明	该声明旨在进行环境技术验证前，排除那些不符合行政管理强制要求的技术，这些管理要求既涉及技术预期应用，也包括其目标市场。在进行声明时，应该将涉及技术及技术应用情况的行政法规相关要求明确提出并进行符合性声明
5.2.2　申请材料审核	申请审核包括申请者所提交文件的完整性审核以及技术审核。技术审核是由专家判断是否建议将申请技术纳入验证程序，或者将其排除在验证程序之外
5.2.2.2　技术审核	当对申请者所提出的验证技术进行技术审核时，应对提出的技术绩效的可靠性进行评估，包括但不限于以下内容： ——绩效是否可以定量测试，测试结果是否可以用绝对数值进行明确、无异议的表述？ ——所声明的绩效是否满足技术法律法规的强制要求？ ——所提供的数据是否与绩效声明的内容吻合，并是否足以说明该技术达到相关方的实际需求？例如：是否需要一些额外数据或参数以描述环境影响的大小和（或）环境增加效益。 ——所声明的绩效是否只适用于特定的运行条件？以上条件是否进行了适当和充分的说明？ 若需要补充信息，应与申请方进行沟通。在一些情况下，验证机构需要申请方重新起草技术说明文件和（或）绩效声明文件
5.3　验证准备	以下条款为验证机构制订验证方案时所必需的信息。申请方和验证机构应进行沟通与讨论，并形成双方一致认可的验证工作方案
5.3.1　确定验证绩效	被验证的绩效参数示例如下： ——与达成技术目的相关的参数，也被称为技术参数或功能参数（例如：功率输出、水质、测试精度）。 ——与技术应用的条件和要求相关的参数（例如：电力输出、技术应用环境中的最高温度或杂质浓度）。 ——与技术的环境增加效益和（或）环境影响相关的参数，例如在设备生产期间的资源消耗，使用期间的资源消耗（例如自来水用量、电耗、原材料、耗材等），有害物质的使用、空气污染物的排放、可重复利用性（全部或部分）、生命周期末端的拆解和处理，等等。 ——与技术的其他信息相关的额外指标，这些指标对于用户来说是有用的，但不一定可以通过测试测量（例如：预期使用寿命、使用年限、健康安全事项、安装和维护要求、运营成本等）。 如果审核中，验证机构希望对验证参数做出调整以及对参数数值进行修改，那么，应征求申请方的意见并获得认可
5.4　验证	
5.4.2　审核已有数据	在审核文档和测试数据时，特别是当数据为未获得 ISO/IEC 17025 认证的实验室测试获得时（例如由申请方或其他机构产生），应按以下方式，对已有数据的质量和可接受度进行评估： ——抽查（审核测试报告）； ——见证检查（对测试过程进行回溯式审核）；

第 5 章中的要求	指南
5.4.2　审核已有数据	——测试体系审核（与抽查或见证检查相结合）； ——对已有数据有条件接受，对特定要求或重要结果进行重新测试。 如果接受已有数据，这些数据在测试报告中应转化为使用时的格式
5.4.3　获得补充测试数据	如果需要额外的或新的测试，由申请方负责确保测试工作符合验证方案中对于测试工作的设计并达到数据质量要求。可由申请方指定的测试机构按照验证方案中的测试数据和数据质量要求制定测试方案，进行测设并形成测试报告；申请方也可使用符合 ISO/IEC 17025 要求的自有设施开展测试
5.4.4　确认绩效	由验证机构认定测试数据是否可以作为确认技术绩效的客观证据。基于测试数据确认的绩效可能与验证方案中预设的绩效目标有所差别
5.5　报告编写	验证报告将包含关于该技术的大量信息、数据、程序、测试结果，以及可能的专有或机密信息，以确保验证的透明性。而验证声明应是一份概述核查报告的简短公开文件，不应包括任何专有或机密资料。 验证声明和验证报告都应提交给申请者征求意见，这是因为： ——它确保文件中包含的技术说明和申请方信息是准确和完整的； ——它确保申请方了解验证的结果和细节，并确保文件清晰简洁； ——它确保报告和声明充分考虑了申请方的意见。 申请人可以选择接受绩效测试结果，也可以选择改变技术规范、设计和操作条件，并修改验证计划中规定的性能参数值。对技术或绩效参数的任何改变都需要修改验证方案，并在双方同意的情况下重复验证程序。 虽然申请方可以就验证声明和报告提供反馈和意见，但是否将申请方的意见纳入最后文件完全由验证机构决定。验证人在对报告或声明做任何修改时，应公正、透明地考虑申请人的意见
5.6　后续工作	
5.6.1　发布	除核查说明外，如果申请方同意，还可公布验证报告、验证计划和测试方案等其他文件。 一旦发布，公众可不受限制地获得这些文件。 有许多公开文件的方法，主要的发布方法如下： ——在公共网站中发布文件，例如有验证目录清单的 ETV 网站、验证机构网站； ——应任何公共实体要求而打印的文件
5.6.2　验证报告/验证声明的有效性	验证是在特定的条件下，为特定技术而开展的。因此验证的结果仅是在某些特定情境下获得的。然而，技术在开发、商业化和使用过程中往往会发生改变。新一代技术的功能可能不同于以前验证的技术，应用场景也不尽相同。为防止市场混乱和保护验证的可信度，申请方不应暗示此验证适用于未经验证的条件。 因此，申请方应将技术的任何改变，包括运行条件或应用场景，告知验证机构。验证机构将审核所有改变并确保验证声明依然是有效的

第 5 章中的要求	指南
5.6.2　验证报告/验证声明的有效性	验证机构可以基于以下原因决定验证声明不再有效，比如： ——技术发生了影响其绩效和环境影响的重要改变，例如：出现了在设备、消耗品或运行条件等方面发生重大变化的新型号；技术的基本科学原理发生了变化（例如，污染控制技术原理从燃烧过程改为催化过程）； ——技术适用的条件（例如温度、压力及其他外部条件）或者运行范围发生改变（例如污染物浓度）发生重大改变导致技术不再适用； ——技术适用的物质媒介或应用场景的变化导致技术不再适用，例如，经验证的可以有效去除柴油微粒的过滤器（有效的应用）被用于去除生物质锅炉烟气中的微粒（无效未验证）； ——所验证的技术不再用于生产。 对已验证的技术所做的更改可能会导致要求重复全部或部分环境技术验证程序
不影响验证声明有效性的变化	诸如制造商或公司名称、产品名称和型号编号等技术管理方面的改变，应该不会对验证的有效性造成影响，但应由验证机构基于判断，对验证声明进行修订和说明，以确保用于市场中的验证声明是清晰且明显的。 不影响技术的绩效或环境影响的微小技术变化不会导致验证声明失效。 例如： ——相似的技术组件的替换，例如：用一个生产商生产的泵替换另一个生产商生产的相同规格的泵； ——为提高用户使用体验而对交互界面、软件或控制系统等方面所做出的改变，且这些改变不会影响技术绩效，例如：软件的升级，以允许技术操作信息实现移动数据储存功能； ——便于操作或有利于绩效改善的微小改变（验证仍然仅适用于已验证的特定条件），比如：为提高的绝缘性而使技术外部操作范围扩大；提高检测设备检出限
有效期	验证机构可以为验证设定有效期限，尤其对于那些处于快速发展的领域或生命周期较短的技术。验证机构可以审核数据并延长验证有效期，或要求再次进行验证

参考文献

[1]　GB/T 24001—2016　环境管理体系　要求及使用指南

[2]　GB/T 24025　环境标志和声明　Ⅲ型环境声明　原则和程序

[3]　GB/T 24040—2008　环境管理　生命周期评价　原则与框架

[4]　ISO/IEC 14050：2009　环境管理　术语（Environmental Management—Vocabulary）

[5]　ISO Guide 82　处理标准可持续性问题的准则（Guidelines for addressing sustainability in standards）

焦化污染地块修复技术验证评价规范

（T/CPCIF 0197—2022）

前 言

本文件按照 GB/T 1.1—2020《标准化工作导则 第 1 部分：标准化文件的结构和起草规则》的规定起草。

请注意本文件的某些内容可能涉及专利。本文件的发布机构不承担识别专利的责任。

本文件由中国石油和化学工业联合会提出。

本文件由中国石油和化学工业联合会标准化工作委员会归口。

本文件起草单位：生态环境部环境规划院、安徽国祯环境修复股份有限公司、中化环境控股有限公司、苏州精英环保有限公司、浙江宜可欧环保科技有限公司、上海康恒环境修复有限公司、煜环环境科技有限公司、北京中岩大地科技股份有限公司、中化环境修复（上海）有限公司。

本文件主要起草人：呼红霞、丁贞玉、孙宁、王建飞、岳勇、黄海、车磊、吴素愫、佟雪娇、赵维维、刘锋平、张宗文、李伟平、万德山、郑阳、张娟、冯爱茜、李辉辉。

1 范围

本文件规定了焦化污染地块修复技术验证评价的指标体系、测试要求和验证评价。

本文件适用于已完成中试或已有少量应用的焦化污染地块修复技术或组合技术的验证评价。现有修复技术的验证评价也可参照本文件执行。

本文件不适用于实验室阶段的技术。

2 规范性引用文件

下列文件中的内容通过文中的规范性引用而构成本文件必不可少的条款。其中，注日期的引用文件，仅该日期对应的版本适用于本文件；不注日期的引用文件，其最新版本（包括所有的修改单）适用于本文件。

GB 8978 污水综合排放标准

GB 12348 工业企业厂界环境噪声排放标准

GB/T 14848 地下水质量标准

GB/T 16157 固定污染源排气中颗粒物测定与气态污染物采样方法

GB/T 16297　大气污染物综合排放标准

GB/T 24034　环境管理　环境技术验证

GB 36600　土壤环境质量　建设用地土壤污染风险管控标准（试行）

HJ/T 20　工业固体废物采样制样技术规范

HJ 25.2　建设用地土壤污染风险管控和修复监测技术导则

HJ 25.5　污染地块风险管控与土壤修复效果评估技术导则

HJ 25.6　污染地块地下水修复和风险管控技术导则

HJ 91.1　污水监测技术规范

HJ 164　地下水环境监测技术规范

HJ/T 166　土壤环境监测技术规范

HJ 493　水质　样品的保存和管理技术规定

HJ 494　水质　采样技术指导

HJ 495　水质　采样方案设计技术指导

HJ 682　建设用地土壤污染风险管控和修复术语

3　术语和定义

下列术语和定义适用于本文件。

3.1　焦化污染地块　coking contaminated site

焦化企业（炼焦煤按生产工艺和产品要求配比混合后，装入隔绝空气的密闭炼焦炉内，经高、中、低温干馏转化为焦炭、焦炉煤气和化学产品的生产企业）在生产经营过程中造成土壤或地下水中污染物数量、浓度和毒性按照国家技术规范确认已达到对生态系统和人体健康具有实际或潜在不利影响的地块。

3.2　修复技术　remediation technology

可用于消除、降低、固定/稳定、转移或转化地块中目标污染物的各种技术方法，包括可改变污染物结构、形态，降低污染物毒性、迁移性或含量的各种物理、化学或生物学技术。

［来源：HJ 682，2.5.13，有修改］

3.3　技术自我声明　self-announcement of technology

评价委托方对委托验证评价的焦化污染地块修复技术的适用范围、性能指标、工艺参数、经济指标、运行维护以及技术应用的场地条件等所做的描述性声明。

3.4　验证周期　verification period

从接受技术验证委托开始到完成各相关方均认可的技术验证评价报告所需要的时间。

3.5　环境效果指标　remediation performance parameter

用来表征修复技术对焦化污染地块修复效果以及修复技术绿色性、低碳性的指标。

3.6　工艺运行指标　process and operation parameter

直接对焦化污染地块修复技术稳定运行及污染物修复效果产生影响的工艺运行参数或运行条件。

3.7　维护管理指标　maintenance and management parameter

焦化污染地块污染治理设施日常维护管理指标，如能源资源消耗（如水、电、药剂等）、操作的难易程度、技术设施运行稳定性、安全性与耐久性等。

3.8　测试周期　test period

从正式运行开始到达到验证评价目标所需要的最短测试时间。

3.9　样本数　sample number

在同一采样条件下采集的满足验证评价测试要求的样本数量。

3.10　采样频率　sampling frequency

满足验证评价测试要求所需的采样次数和采样时间间隔。

4　总体要求

4.1　验证评价应遵循科学性、客观性和公正性的基本原则。

4.2　验证评价应围绕技术持有方提供的技术自我声明的内容，对技术的修复效果、运行可靠性、经济性以及绿色可持续性进行综合评价。

4.3　验证评价工作程序应符合 GB/T 24034 的相关规定。

4.4　验证评价技术流程见图 1。

4.5　验证启动前，应编制验证方案，明确验证评价指标。验证方案、验证评价指标应由第三方验证评价机构会同技术持有方和技术使用方，根据被验证技术特点确定。验证评价指标应以定量为主、以定性为辅，一般包括环境效果指标、工艺运行指标、维护管理指标 3 类。

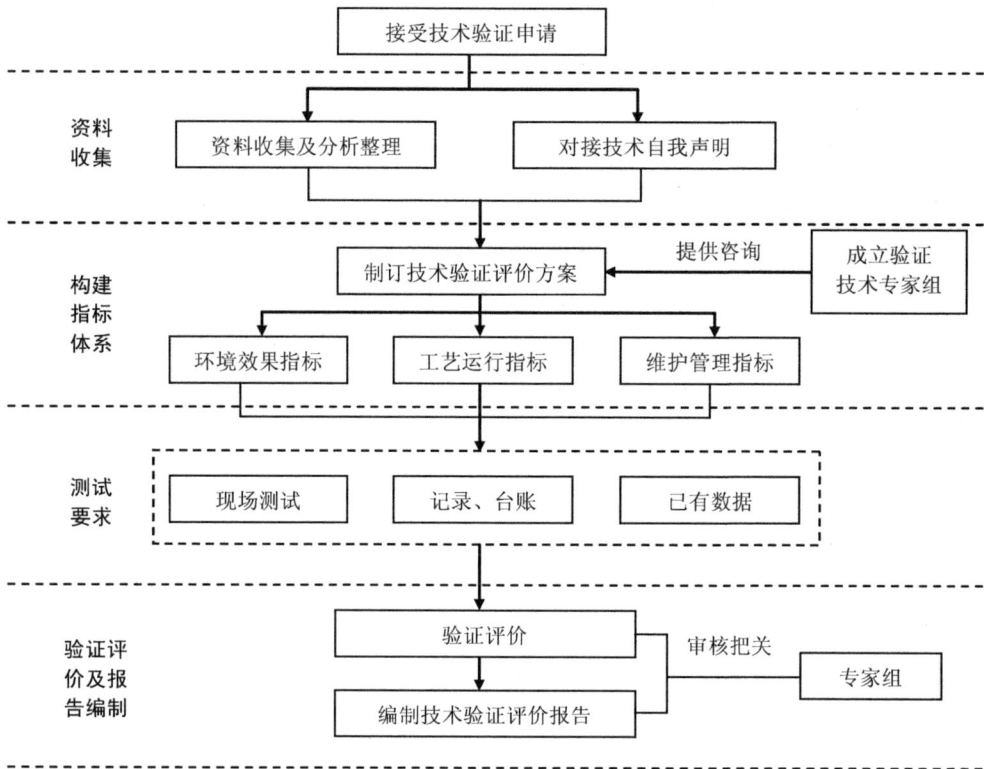

图 1　验证评价技术流程

5　资料收集

5.1　一般要求

5.1.1　验证评价工作启动前，技术持有方应对验证技术的技术信息进行收集、整理和分析，验证评价方应对技术持有方提供的数据资料的可靠性和有效性进行判断。

5.1.2　技术信息资料一般包括技术简介、技术应用地块情况、已有数据和同类案例。技术持有方所提供的技术信息是编制验证评价方案、验证评价报告的基础，技术持有方对所提供的资料的真实性负责。验证技术资料收集清单参见附录 A。

5.2　技术简介

5.2.1　技术基本情况

技术的基本原理、特点和主要创新点。

5.2.2　技术适用性

修复技术对污染物种类、污染物浓度、水文地质条件、修复目标等场景下的可行性。

5.2.3　技术自我声明

技术的适用范围、修复效果、工艺运行指标、经济指标、维护管理情况等。

5.2.4　设计参数

根据技术类型，由技术持有方提供能够反映技术特点、可公开的设计参数，供验证评价机构参考。

为反映技术特征，设计参数应客观反映真实水平，其指标的选取应不少于 2 项。

5.3　技术应用地块情况

包括地块概况、地理位置、工程规模、地块水文地质条件、土壤污染特征、地下水污染特征、目标污染物修复目标、设施概况、平面布置图、工艺参数、现场可实施技术验证测试的条件等。

5.4　已有数据

在保护技术持有方知识产权的前提下，验证技术已有运行数据与资料经审核后可作为验证评价的参考资料。

技术持有方提供的数据应确保真实、可靠，且同时提供获得数据的运行条件、修复技术运行条件、环境条件等。

6　验证评价指标体系

6.1　指标体系

焦化污染地块修复技术验证评价指标主要包括环境效果指标、工艺运行指标和维护管理指标 3 类。

焦化污染地块修复技术验证评价指标体系框架见表 1。

表 1　焦化污染地块修复技术验证评价指标体系框架

一级指标	二级指标		三级指标
环境效果	目标污染物		苯系物（BTEX）、多环芳烃（PAHs）、石油烃类（TPH）、苯胺类和联苯胺类、酚类物质、重金属类及其他无机类
	工程性能指标		抗压强度、渗透性能、阻隔性能、工程运行的连续性和设施的完整性
	绿色低碳性指标	土壤/地下水	过程产物、降解产物
		固体废物	一般工业固体废物、危险废物产生量
		废水	关注污染物、常规污染物排放量是否达标
		废气	关注污染物、常规污染物排放量是否达标
		噪声	等效连续 A 声级（L_{Aeq}）
		低碳性	二氧化碳、甲烷排放强度

一级指标	二级指标	三级指标
工艺运行	技术参数	影响半径、热效率
		其他
	运行参数	温度、压力、流量、频率、处理量、时间
		其他
维护管理	运行可靠性	连续稳定运行时间
		故障及异常发生频率
		故障严重程度
		其他
	资源能源、材料消耗	水耗
		能耗（燃气消耗量、汽油柴油消耗量、电力消耗量）
		药剂、材料种类及用量
		人工、机械
		单台（套）仪器设备的占地面积
		其他
	维护管理方便性	排查故障时间
		日常维护保养时间

6.2　环境效果指标

6.2.1　环境效果指标包括目标污染物、工程性能指标、绿色低碳性指标。

各类环境效果指标的确定宜符合以下规定：

a）目标污染物应根据技术自我声明、测试对象和被评价技术的修复目标污染物等选取，一般用去除率或达标率进行表征。目标污染物包括苯系物（BTEX）、多环芳烃（PAHs）、石油烃类（TPH）、苯胺类和联苯胺类、酚类物质、重金属类及其他无机类可参见表2，具体污染物根据实际技术应用地块确定。

表2　焦化行业主要污染物

序号	类别	主要污染物
1	苯系物	苯、甲苯、二甲苯等
2	多环芳烃	苯并[a]蒽、苯并[a]芘、苯并[b]荧蒽、苯并[k]荧蒽、䓛、二苯并[a,h]蒽、茚并[1,2,3-cd]芘、萘、菲、苯并[g,h,i]苝、苊烯、苊、芴、蒽、荧蒽、芘等
3	石油烃	石油烃（C_{10}～C_{40}）等
4	苯胺类和联苯胺类	二苯并呋喃、咔唑等
5	酚类物质	苯酚、甲酚等
6	重金属类	砷、钴、铅、汞、钒等
7	其他无机类	氟化物、氰化物、氨氮、pH等

b）工程性能指标应包括抗压强度、渗透性能、阻隔性能、工程运行的连续性和设施的完整性等。

c）绿色低碳性指标应包括土壤/地下水、固体废物、废水、废气、噪声等二次污染指标，以及二氧化碳、甲烷排放强度指标。

6.2.2　固化/稳定化技术应包括目标污染物在分析测试期间的修复效果和稳定性趋势。

6.3　工艺运行指标

6.3.1　工艺运行指标包括技术参数和运行参数。

6.3.2　工艺运行指标应根据被评价的焦化污染地块修复技术的实际情况确定，不同修复技术的工艺运行指标可参见附录C。

6.3.3　附录C未列出技术，可自定义工艺工况技术指标，包括但不限于：

　　a）设备规模指标；

　　b）单位时间处置能力指标；

　　c）单位能耗处置能力指标；

　　d）单位某种材料消耗处置能力指标；

　　e）占地面积指标等。

6.4　维护管理指标

6.4.1　维护管理指标包括建设费用、运行可靠性、运行过程中的资源能源和材料消耗、维护管理方便性等。

6.4.2　维护管理指标应根据焦化污染地块修复技术的实际情况选取，可参考表1。

7　验证测试要求

7.1　测试周期

7.1.1　确定焦化污染地块修复技术的现场测试周期前，应掌握修复技术原理、污染物类型及理化性质、污染物浓度及分布特征、地块水文地质情况等信息，作为确定测试周期的依据。

7.1.2　测试周期的设定应能反映修复技术的修复效果、运行可靠性、稳定性、技术经济性、绿色低碳性等。

7.1.3　焦化污染地块修复技术现场测试周期推荐值参照附录B，组合技术宜选择测试周期的较大值。

7.1.4　测试应在调试结束后正式开始，在测试周期内至少选择3天开展现场测试，测试时间由验证评价机构会同技术持有方和技术使用方根据焦化污染地块修复技术特点确定。

7.2 环境效果指标

7.2.1 样本数、采样点和采样频率

7.2.1.1 样本数和采样点

样本数和采样点的设置应依据验证技术工艺流程、技术特点、创新点、已有数据等确定。

样本数和采样点的设置并应符合以下规定：

a）土壤样本数和采样点位的设置应符合 HJ 25.5 的相关规定，地下水样本数和采样点位的设置应符合 HJ 25.6 的相关规定，必要时在修复薄弱区加密布点；

b）有组织排放废气样本数及采样点位的设置参照 GB/T 16157 或相应地方标准执行，无组织排放废气样本数及采样点位的设置按照 GB/T 16297 或相应地方标准执行。

7.2.1.2 采样频率

采样频率应满足以下最低样本数的要求：

a）土壤中目标污染物应至少在验证周期末期采集 1 批次样品；

b）地下水中目标污染物应至少在验证周期中期和末期采集 2 批次样品；

c）验证周期内产生的固体废物应至少在验证周期末期采集 1 批次，不少于 2 个样品，已经列入国家危险废物名录的可不进行采样检测；

d）验证周期内废水采样频率应满足 GB 8978 的要求；

e）验证周期内废气采样频率应满足 GB/T 16157 和 GB/T 16297 等的要求；

f）验证周期内噪声测试频率应满足 GB 12348 的要求。

7.2.2 样品采集与保存运输

7.2.2.1 土壤样品采样和保存运输应按照 HJ 25.2 和 HJ/T 166 的相关规定执行。

7.2.2.2 废水样品采样和保存运输应按照 HJ 164、HJ 493、HJ 494、HJ 495 和 HJ 91.1 的相关规定执行。

7.2.2.3 废气样品采样和保存运输应按照 GB 16157 和《空气和废气监测分析方案》（第四版增补版）的相关规定执行。

7.2.2.4 固体样品采样和保存运输应按照 HJ/T 20 的相关规定执行。

7.2.2.5 噪声测试应按照 GB 12348 的相关规定执行。

7.2.3 验证测试方法

7.2.3.1 样品检测实验室应具备相应检测资质，分析方法应在实验室资质认定范围内使用。

7.2.3.2 优先选用 GB 36600、HJ/T 166、GB/T 14848 等标准指定的检测方法。

7.2.3.3 当指标无现行的方法进行测试时，可由测试机构自行开发，并进行必要的方法学验证，形成可操作的文件，并作为测试报告的附件。

7.3 工艺运行指标

工艺运行指标包括技术参数和运行参数。技术参数和运行参数应优先选择现行的国家或行业标准方法作为测试方法。

具体指标的获取方式可参考表 3。

表 3 工艺运行指标的获取方式

项目分类	工艺运行项目	具体指标的获取方式
技术参数	影响半径、热效率等	技术持有方提供，技术验证方资料审核及现场查验
运行参数	温度、压力等	验证周期内实时记录温度、压力等参数，台账法

7.4 维护管理指标

维护管理指标包括建设费用、运行可靠性、药剂消耗和能源消耗、维护管理方便性。

具体指标的获取方式可参考表 4。

表 4 维护管理指标的获取方式

项目分类	维护管理项目	具体指标的获取方式
运行可靠性	连续稳定运行时间	记录设备的连续稳定运转时间，台账法
	故障及异常发生频率	记录故障发生时间、原因、排除方法，并对测试期间的故障次数、故障频率等进行统计，台账法
药剂消耗和能源消耗	药剂、材料种类及用量	计量磅秤或加药/材料设备消耗测定，台账法
	能耗	全部测试对象的能源消耗，实际测量或计算，台账法
	水耗	计量泵或计量表，台账法
维护管理方便性	故障排除的时间	记录故障发生时间及排除故障所需时间，台账法
	日常维护保养时间	记录日常维护保养时间，台账法

8 验证评价

8.1 一般要求

验证评价一般可采用均值、中位数、数据范围、方差等对环境效果指标、工艺运行指标、维护管理指标进行统计分析，依据统计分析结果做出科学、合理的评价。

8.2 去除率

按照式（1）计算污染物的去除率（σ）。

$$\sigma = \frac{\rho_{i0} - \rho_i}{\rho_{i0}} \times 100\% \qquad (1)$$

式中：ρ_{i0}——验证场地第 i 种污染物初始浓度的平均值的数值，mg/kg（土壤）、mg/L（地下水）；

ρ_i——验证场地第 i 种污染物验证结束后浓度的平均值的数值，mg/kg（土壤）、mg/L（地下水）。

8.3 达标率

8.3.1 土壤可采用逐一对比或统计分析的方法进行修复效果评价。样本数小于 8 个时，采取逐个对比法；样本数大于等于 8 个时，可以采取统计分析方法。效果评价方法可参见 HJ 25.5。

8.3.2 针对地下水，技术验证时可采用趋势分析法进行持续稳定达标判断。在 95% 的置信水平下，若趋势线斜率显著大于 0，说明地下水中污染物浓度呈上升趋势；若趋势线斜率显著小于 0，说明地下水中污染物浓度呈下降趋势；若趋势线斜率与 0 没有显著差异，说明地下水中污染物浓度呈现稳态。若地下水中污染物浓度呈稳态或者下降趋势，可判断地下水达到修复效果或修复极限。效果评价方法可参见 HJ 25.6。

8.3.3 有组织废气、无组织废气、废水、噪声采用逐一对比的方法进行评价。

8.4 运行可靠性

运行可靠性指标主要根据连续稳定运行时间、维护管理难易程度、故障发生频率、排除故障的难易程度、维护管理所需要的技能水平等进行分析和判断。

评价结果可分为：

a）运行可靠稳定，基本没有发生故障的情况；

b）运行基本可靠，发生过故障但没有影响整体运行，故障很容易被排除的情况；

c）运行可靠性差，故障频繁或故障发生后不易排除等情况。

8.5 经济性

经济性指标主要根据建设费用、运行费用、维修费用、折旧费用进行综合评价。

各类费用的评价宜采用以下方法：

a）建设费用：一般可采用单套设备设施的投资和单位时间修复量的比值，以单位时间内每修复一方污染土或污染水的基建投资进行评价；

b）运行费用：一般可采用修复单位土方量或水量所对应的水耗、能耗、药剂和材料消耗、人工成本、机械成本等之和进行评价；

c）维修费用：主要通过污染修复设施维修频率和单次维修费用进行评价；

d）折旧费用：主要通过污染修复设施的使用年限进行评价。

8.6 绿色低碳性

根据技术产生废水、废气、噪声、固体废物等二次污染情况以及二氧化碳、甲烷排放强度评价技术的环境影响。

各指标评价宜采用以下方法：

a）废水指标：一般用修复单位土方量清洁水使用量、废水产生量、废水回用率或排放率、是否达标排放等进行评价；

　　b）废气指标：一般用修复单位土方量废气排放量、是否达标排放进行评价；

　　c）噪声指标：一般用是否达到工业企业厂界环境噪声排放标准进行评价；

　　d）固体废物指标：一般用修复单位土方量固体废物/危险废物产生量定量化评价；

　　e）低碳指标：一般用修复单位土方量二氧化碳、甲烷排放强度进行评价。

8.7　维护管理方便性

　　根据维护管理工作量、维护管理难易程度、维护管理所需要的技能水平等评价焦化污染地块修复技术的维护管理性能：

　　——维护管理工作量小或操作简单，掌握技术难度较小，则可认为维护管理方便性好；

　　——维护管理工作量大或操作复杂，掌握技术难度较大，则可认为维护管理方便性差。

9　编制验证评价报告

9.1　根据验证评价方案，对技术资料、已有数据、测试报告、验证评价过程中形成的原始数据和各种记录等进行综合分析与评价，编制验证评价报告。

9.2　验证评价报告应客观陈述技术性能和实际效果。

附录 A

（资料性）

验证技术资料收集清单

表 A.1 给出了验证技术资料收集清单。

表 A.1 验证技术资料收集清单

分类	指标	单位	适用情况
技术简介	技术基本情况	—	
	工艺原理	—	
	工艺流程图	—	
	适用范围	—	
	技术特点	—	
	技术创新性	—	
	技术自我声明	—	
	主要设备	型号、数量、规格参数等	
	设计参数	—	根据修复技术特点确定
	环境修复效果	mg/kg，mg/L	
	修复需要时间	月	
	修复成本	元/m³	
	绿色低碳性（固体废物、废水、废气、噪声产生情况，二氧化碳、甲烷排放强度）	—	
	其他	—	
技术应用地块情况	工程概况	—	
	地块水文地质情况	—	
	土壤污染特征	—	土壤修复技术
	地下水污染特征	—	地下水修复技术
	目标污染物修复目标/GB 36600 中一类用地筛选值	mg/kg，mg/L	
	修复设施概况	—	
	平面布置图	—	
	工艺参数	—	
已有数据	土壤污染数据	mg/kg	
	地下水污染数据、污染羽变化情况	mg/L	
	实际材料和药剂消耗台账	—	
	能耗	标准煤	
	水耗	—	

附录 B

（资料性）

常见技术类别推荐测试周期

表 B.1 给出了常见技术类别推荐测试周期。

表 B.1　常见技术类别推荐测试周期

分　类	技术类别	测试周期推荐值	主要考虑因素
焦化污染地块土壤修复技术	热修复技术（以水泥窑协同处置技术为例）	现场测试不少于 7 d	尾气排放，修复效果评估
	热修复技术（以电加热原位热传导热脱附为例）	现场测试不少于 60 d	机械及耐高温运行稳定性，原料成分变化，负荷变化，修复周期
	化学氧化技术（以原位化学氧化技术为例）	现场测试不少于 90 d	现场设备试运行，特定地块修复药剂与用量确定，修复效果评估
	洗脱技术（以异位洗脱技术为例）	现场测试不少于 30 d	淋洗设备运行的稳定性，特定地块淋洗药剂与用量确定，修复效果评估
	抽提技术（以气相抽提技术为例）	现场测试不少于 90 d	现场设备运行稳定性，特定地块修复药剂与用量确定，修复效果评估
焦化污染地块地下水修复技术	抽出-处理技术	现场测试不少于 60 d	现场设备运行稳定性，修复效果评估
	抽出-注入技术	现场测试不少于 60 d	现场设备运行稳定性，修复效果评估
	吹脱处理技术	现场测试不少于 60 d	设备运行的稳定性，处理效果
焦化污染地块风险管控技术	固化/稳定化技术（以异位固化/稳定化为例）	现场测试不少于 120 d	固化稳定化效果及长期稳定性
	阻隔技术［以渗透反应墙（PRB）为例］	现场测试不少于 120 d	阻隔效果及长期有效性

附录 C

（资料性）

土壤和地下水修复工艺运行指标

表 C.1 给出了土壤和地下水修复工艺运行指标。

表 C.1　土壤和地下水修复工艺运行指标

分类	技术类别	指标	单位
焦化污染地块土壤修复技术	热修复技术（以水泥窑协同处置技术为例）	污染土壤处置能力	t/d
		土壤最大进料含水率	%
		土壤最大进料粒径	mm
		水泥窑土壤停留时间	min
		二燃室温度	℃
		二燃室气体停留时间	min
		水泥窑气体温度	℃
		水泥窑出口温度	℃
		其他	—
	热修复技术（以电加热原位热传导热脱附技术为例）	加热方式	—
		加热井间距	m
		升温速率	℃/d
		加热时间	d
		加热温度	℃
		保温时间	d
		加热体积	m^3
		加热功率	kW
		抽提流量/压力	m^3/min，MPa
		电流	A
		地面处理设备运行工况	—
		其他	—
	热修复技术（以异位直接热脱附技术为例）	处理规模	t/d
		土壤最大进料粒径	mm
		土壤最大进料含水率	%
		回转窑加热温度/出土温度	℃
		回转窑燃烧器燃气流量	m^3/h
		回转窑燃烧器助燃空气流量	m^3/h
		二燃室温度	℃
		二燃室燃烧器燃气流量	m^3/h
		二燃室燃烧器助燃空气流量	m^3/h
		二燃室气体停留时间	min
		土壤停留时间	min
		急冷塔喷水量	m^3/h

分类	技术类别	指标	单位
焦化污染地块土壤修复技术	热修复技术（以异位直接热脱附技术为例）	除酸塔喷水量	m³/h
		尾气风机抽提流量/压力	m³/h，kPa
		其他	—
	化学氧化技术（以原位化学氧化技术为例）	注入方式	—
		注入井间距	m
		注入深度	m
		注入速率与压力	m³/min，MPa
		药剂添加量	kg/m³
		药剂添加频率	次
		其他	—
	化学氧化技术（以异位化学氧化技术为例）	混合搅拌方式	—
		混合搅拌频率	次
		土壤含水率	%
		药剂添加量	%
		药剂添加频率	次
		批次修复时间	d
		其他	—
	洗脱技术（以异位洗脱技术为例）	增效剂选择	—
		水土比	—
		洗脱药剂添加量	kg/L
		液体对目标污染物的去除效果	%
		洗脱时间	h
		洗脱次数	次
		各级筛分分离设备水量及水压	m³，MPa
		混泥机内水量及水压	m³，MPa
		固液分离后固体内残余量	t
		压滤设备处理量	t/h
		废水设备处理量	m³/h
		废水处理时间	h
		其他	—
	抽提技术（以气相抽提技术为例）	抽气井深度和距离	m
		真空泵功率	kW
		真空度	Pa
		气相抽提范围半径	m
		抽气流量	m³/h
		修复时间	d
		地面尾气处理系统处理效率	%
		地面尾气处理系统处理能力	—
		其他	—

分类	技术类别	指标	单位
焦化污染地块土壤修复技术	生物修复技术（以生物堆技术为例）	修复时间	d
		土壤含水率	%
		土壤温度	℃
		土壤 pH	—
		土壤微生物含量	个/g
		土壤营养物质量及配比	—
		堆体内氧气含量	%
		其他	—
焦化污染地块地下水修复技术	抽出-处理技术	处理量	m³/h
		处理工艺	—
		总处理时间	d
		修复过程中添加药剂种类及剂量	—
		抽水井布置形式	—
		抽水井数量	口
		抽水井间距	m
		单井抽水速率	L/h
		抽水井影响半径	m
		其他	—
	抽出-注入技术	处理量	m³/h
		处理工艺	—
		总处理时间	d
		修复过程中添加药剂种类及剂量	—
		抽水井布置形式	—
		抽水井数量	口
		抽水井间距	m
		单井抽水速率	L/h
		抽水井影响半径	m
		回注井注入速率	L/h
		其他	—
	吹脱处理技术	吹脱塔类型	—
		塔体横截面积	m²
		填料类型	—
		填料高度	m
		水处理量	m³/h
		气液比	—
		空塔气速	m/s
		鼓风机流量/压力	m³/h，kPa
		水温	℃
		其他	—

分类	技术类别	指标	单位
焦化污染地块风险管控技术	固化/稳定化技术（以异位固化/稳定化为例）	药剂添加方式	—
		药剂添加种类	—
		药剂添加比例	%
		土壤粒径	cm
		土壤含水率	%
		养护时间	d
		其他	—
	阻隔技术［以渗透反应墙（PRB）为例］	填充介质选择及配比：零价铁、活性炭、沸石、石灰石、离子交换树脂、铁的氧化物和氢氧化物、磷酸盐以及有机材料（城市堆肥物料、木屑）等	—
		反应墙结构：连续反应墙；漏斗-通道系统（单通道、并联多通道、串联多通道）	—
		使用期限	a
		安装位置	—
		安装深度	m
		反应墙厚度	m
		反应墙走向	—
		水力停留时间	h
		阻隔效率	%
		其他	—